芷兮文化丛书

芷兮间茶

张文勤 署

杨军 刘玲玲 等著

云南大学出版社
Yunnan University Press

图书在版编目（CIP）数据

芷兮问茶 / 杨军等著. -- 昆明 ：云南大学出版社，
2020
（芷兮文化丛书）
ISBN 978-7-5482-4155-3

Ⅰ．①芷… Ⅱ．①杨… Ⅲ．①茶文化－临沧－文集
Ⅳ．①TS971.21-53

中国版本图书馆CIP数据核字(2020)第192294号

芷兮文化丛书

芷 兮 问 茶
ZhiXi WenCha

杨 军 刘玲玲 等著

策划编辑：蔡红华
责任编辑：万 斌
装帧设计：荣长福 范 燕 安 宁
书名题字：张文勋

出版发行：云南大学出版社
印 装：云南宏乾印刷有限公司
开 本：787mm×1092mm 1/16
印 张：16.75
字 数：225千
版 次：2020年11月第1版
印 次：2020年11月第1次印刷
书 号：ISBN 978-7-5482-4155-3
定 价：96.00元

地 址：云南省昆明市一二一大街182号（云南大学东陆校区英华园内）
邮 编：650091
电 话：0871-65031071 65033244
网 址：http//www.ynup.com
E-mail：market@ynup.com

若发现本书有印装质量问题，请联系印刷厂调换，联系电话：0871-64637875。

序　言

文/陈勋儒

　　云南"三江并流"地区是欧亚大陆生物南北交错、东西汇合的通道，云集了南亚热带、中亚热带、北亚热带、暖温带、温带、寒温带和寒带的多种气候类型和植物群落；拥有全国20%以上的高等植物种类，包括200余科、1200余属、6000种以上，为欧亚大陆生物群落最富集的地区，拥有北半球除沙漠之外完整的生物群落类型。在第四纪冰川期给欧亚大陆生物带来灭顶之灾时，"三江并流"地区成为这些生物的避难所，所以，这里现在还可以看到许多孑遗动物种，被誉为"世界物种基因库"。茶树，山茶属（Camellia）植物中这一个较大的种群即起源于这一地区的延伸地带——澜沧江流域，云南也就成为人类利用茶叶的肇始地。正因为此，虞富连老先生认为"云南是古老植物的发源地"。

　　地处茶树起源中心的云南地理环境特殊，其有寒、温、热三个气候带的气候类型，素有"植物王国"之称。云南有世界上得天独厚的最适合茶树生长的自然生态环境，气候、土壤等生态条件优越。这个千万年前造山运动形成的高原成为世界茶树的发源地，成就了得天独厚的云南大叶种这个优良的茶树品种。云南有世世代代种植并利用茶树的26个民族，他们创造并世代传承的茶叶加工工艺及丰富多彩、博大精深的民族茶文化，深深地融入各民族的血脉中，融入每个人的生命里，融入各民族兄弟的生产生活中。云南独特的普洱茶传统加工工艺及普洱茶、滇红、滇绿三大品系传承至今。普洱茶品牌价值多年来均排在中国名茶的前列。2019年，普洱茶品牌价值为66.49亿元，滇红工夫茶品牌价值为21.02亿元。云南各民族通过多年的共同努力，奠定了今天得天独厚的云茶产业规模及影响力基础。云茶不仅仅是受人喜爱的健康饮品，也是一个大产业、一种生活方式。漫山遍野的现代茶园、生态茶园、绿色茶园，生机盎然的古茶山、古茶林、古茶园，成就了青山绿水的良好生态，成为云南大生态的重要组成部分，也造就了云南各族人民尊重自然、保护生态的最朴素的科学发展观，更是边疆地区少数民族脱贫致富的靠山。"包容开放、团结拼搏"的茶马古道精神激励着云茶走天下、醉天下……

云南滇南古韵茶业有限公司就是云南众多茶企中的一个，两位年轻的企业家罗斌先生和刘玲玲女士积极向上，思维敏捷，在茶产业产能过剩的形势下，积极开拓市场，弘扬云茶文化。经营云南芷兮文化传播有限公司就是他们企业文化建设和传播的一个创新之举，他们把企业放到产业、文化、市场中，去思考、去践行，取得了较好的成绩。我对云南年轻一代的茶业企业家一直寄予厚望，云茶产业的历史凝注着他们，云茶产业的未来要靠他们去开拓、去创造。

云南滇南古韵茶业有限公司是云南省茶叶流通协会的副会长单位，公司规模不算大，贡献却不小。他们在创新营销和宣传茶文化、引导健康生活方式上有独到之处。我多次实地考察过滇南古韵、阿颇谷茶业凤庆茶厂，该企业在规范化管理、质量控制、职工培训、企业文化建设等方面都有许多独到之处。特别是2015年以来，滇南古韵、阿颇谷、芷兮文化在全国各地举办的茶博会，都给我留下了深刻印象。今年由于疫情的影响，茶博会的规模和数量都比往年锐减，即便在这种严峻的形势下，企业仍然不减规模，以积极向上的心态、饱满的精神面貌，大胆创新，突出云南少数民族文化特色，在深圳茶博会上展现了我省茶企业的风采，取得了预想不到的成绩。罗斌先生和刘玲玲女士都能吃苦、好学习，而且站位高，他们认为：云南茶企首先应该宣传云南茶好、讲清云南茶的特点；只有整个云茶产业好了，其中的一个企业、一个品牌才会好。一个企业能从产业的高度有此认识，确实非常难得。

2016年12月，在深圳茶博会现场，滇南古韵、芷兮文化承办了由云南省茶叶流通协会主办的"国粹瑰宝·咏春与茶"活动。其将云南茶与佛山咏春拳跨界整合，开展系列融合活动，给观众带来了不一样的文化盛宴，让广大茶友与武术爱好者都感受到中国传统文化的价值和魅力。2017年9月，由该公司承办云南省茶叶流通协会双月活动"健康的茶，茶与健康"，倡导传播茶的健康功效，并提出想要发挥茶的健康功效，归根结底最重要的是企业必须生产出健康的茶产品。2019年5月，在第十九届武汉茶博会期间，由云南省茶叶流通协会和湖北省陆羽茶文化研究会共同主办，芷兮文化承办的"云茶走天下，云茶醉天下"全国大型推广活动也取得了较好的效果，宣传了云茶。上述活动让人们充分看到了滇南古韵、芷兮文化为推广云茶所做的努力。

滇南古韵、芷兮文化传播有限公司非常重视企业文化建设和茶文化推广。自2015年开始，芷兮文化与云南大学、云南财经大学、云南大学附属中学等学校联合开设的"芷兮课堂"，坚持面向学校，走进社区，进行了500多场茶文化公益讲座和茶文化知识课堂教学，积极推进茶文化健康生活方式的宣传，充分体现了企业的担当精神和社会责任意识。

《芷兮问茶》一书是"芷兮课堂"部分内容的选编，我们相信该书对普及云茶科学知识、传播云茶正能量将起到积极作用。

受董事长刘玲玲、总经理罗斌之嘱，是为序。

2020年8月7日

问茶之路（代前言）

文/杨　军

　　茶源于中国，孕于春秋，萌于秦汉，兴于唐，盛于宋，与中华五千年文明史同脉相承。

　　最早记载茶的古籍是唐人樊绰的《蛮书》卷七《云南管内物产》。其记载："茶出银生城界诸山，散收，无采造法。蒙舍蛮以椒、姜、桂和烹而饮之。"

　　最早提到普洱茶的是明朝万历年间谢肇淛所撰的《滇略》，书中说道："士庶所用，皆普茶也，蒸而成团，瀹作草气，差胜饮水耳。"所谓普茶，即普洱茶。

云南境内最古老的茶树，树龄超过3200年，位于海拔2245米处的云南凤庆县小湾镇锦绣村茶王自然村（原为香竹菁自然村），树高10.6米，树冠南北11.5米、东西11.3米，树围5.84米，树干直径1.84米。锦绣茶王树是迄今世界上发现的最大的栽培型古茶树。

1949年10月，中华人民共和国成立。在计划经济的初期，云南各地茶厂和研究院统一由政府收编，进行整合规划。私人茶庄的茶叶一律纳入国家计划安排，生产和制作统一由人民公社进行调配和管理。

20世纪50年代，云南以合作社的形式，联合云南省的各大私人茶庄，改为集体所有制，由云南省茶叶公司指导整体运营。

1954年，全国茶叶实行"统一收购，计划分配"，从此，云南普洱茶实行"中央掌握，地方保管，统筹分配，合理使用"的管理。

20世纪60年代初期，云南省为了大量生产茶叶，改造旧茶园，开辟新茶园，引进了扦插栽种技术，培植灌木茶山，增加了产量。在"文化大革命"后期，云南省茶叶公司以生产红茶、绿茶和普洱茶为主。云南的滇红卖到国际市场赚取外汇，绿茶在省内销售，普洱茶外销到港澳及东南亚等地。

20世纪70年代末以后，中国社会政治、经济、文化有了翻天覆地的变化，人民的生活方式有了较大的改变，物质生活和精神生活水平都有了大的提升，人民群众的需求更加多样化、个性化。在饮品市场上，由于普洱茶的特殊性及属性的多样化，受到了消费者的欢迎，也为生产者和商家提供了创造价值的空间。

1973年以后，在普洱茶的制作工序中，增加了一道渥堆发酵工艺，形成了普洱熟茶。此后，普洱茶形成了生茶和熟茶两大类，因而在普洱茶文化中，也出现了"品老树生茶，饮新树熟茶"的风气。

1979年，云南省推广密植速成高产茶园。从此，云南普洱茶的茶园全面"开拓矮化、灌木密植、人工肥料、机械采收、叶薄光面、提高产量"，新型茶园不断增加，传统旧式的老茶园所占比重逐渐下降。

1984年，现代普洱熟茶创始人吴启英通过普洱茶接种技术，在保证普洱茶质量的情况下22天就完成了普洱熟茶的发酵转化。这是现代普洱熟茶生产的开端，为普洱熟茶批量生产奠定了基础。

1985年，茶农被允许拥有属于自己的茶地，云南开始大面积种茶树。由于出现了大面积种植在台阶状山地上的茶树，便称其为"台地茶"，并沿用至今。

1996年，勐海茶叶有限责任公司挂牌成立，实行独立核算的经营模式，逐步进行国企改制。2004年，云南各大茶厂国企改制基本完成。

2004年3月，周红杰主编的《云南普洱茶》由云南科技出版社出版发行；2004年4月，邓时海著的《普洱茶》由云南科技出版社出版发行。这两本书从科技与文化两方面对普洱茶国内市场的升温起到了推动作用，有力地促进了普洱茶市场的繁荣，为普洱茶"越陈越香""可以喝的古董"的概念提供了理论支持。

2004年10月，勐海茶厂改制为云南大益茶业集团有限公司，这一年普洱茶市场开始快速发展，进入了百花齐放的时代。

随后，在政府的推动下，金融助力，茶企活跃，市场热捧，推动了产区山头茶的兴起，普洱茶出现了投资市场爆发式增长的局面。

2005年到2007年，港台茶商和资本纷纷进入普洱茶市场，留存于市场上的老茶被大量收购，故而新茶价格出现了大幅度攀升，迅速攀升的价格又吸引了更多资本的涌入，整个普洱生茶市场被快速炒热。

2006年9月，"中国云南普洱茶国际博览交易会"在昆明隆重举行，普洱茶的知名度不断提高，茶叶消费呈现出逐年增长的趋势。普洱茶以其"品饮保健、越陈越香、心性同修、底蕴深厚"的特点和功能，受到国内外消费者的追捧，出现了前所未有的消费热潮。过去传统旧式"大樟树林、乔木老树、肥芽厚叶、人工采摘、低度产量"的老茶园渐渐成为被重点保护的对象，其产品也成了茶友趋之若鹜的顶级普洱茶品。大量资金进入普洱茶市场，由于资本的过度炒作，普洱茶市场经历了暴涨至暴跌的过程。2007年7月，市场忽然崩盘，普洱生茶的市场陷入低迷期。

云南普洱茶市场经历了2004—2007年的追捧、热销、暴涨、暴跌时期和2008年以后的市场分化、调整、探索、创新时期。

2006年，《普洱》杂志创刊，这是中国第一本普洱茶专业期刊。《普洱》杂志的诞生，正是因为云南普洱茶的再度兴起。

2010年以后，一批茶学专家和文化人开始集中发声，以大健康的理念倡导科学饮茶和健康生活方式，为普洱茶消费市场注入了积极的因素。余秋雨的文章《普洱茶的"核心机密"是什么？》、邵宛芳的著作《普洱茶的保健功效科学读本》等阐释了普洱茶的保健功效和价值，深受追求健康生活方式消费者的喜爱。普洱茶因其保存与转化特性，突破了茶叶保存期的局限，被品鉴家和收藏者认为是"可以喝的古董"。从此，茶界除了功效派、金融派、时尚派、文化派、健康派等，又多了收藏派的说法。

2006年，云南芷兮文化传播有限公司成立。为推动茶文化建设，芷兮文化传播有限公司2015年开设"芷兮课堂"公益讲座，向广大消费者普及茶知识，开展茶文化的宣传推广活动。

针对茶叶市场的跟风消费、金融炒作的投机消费和伪文化概念的虚假消费等现象，"芷兮文化"提出了自己的观点，积极倡导普洱茶是用来喝的，要理性消费，大力宣传洁净、适口为珍的健康消费，以及物质与精神统一的生活文化消费观念。"芷兮文化"通过"芷兮课堂"公益讲座向大众普及茶知识和生活美学，引导大众科学地识茶饮茶，以美学丰富大众对茶的鉴赏、品饮、体验。提高消费者对茶的文化属性的认识，培养消费者高雅的美学情趣、积极向上的乐观心态、简约和谐的生活观，树立茶文化生活方式的健康理念。

2015—2020年，"芷兮课堂"进行公益讲座和课堂教学500多场，听众达1万余人次。

2015年5月，"芷兮文化"与江西财经大学EMBA联合开设"茶文化"课程。

2016年3月，"芷兮文化"在云南大学职业与继续教育学院开设"茶文化"课程。

2017年10月，"芷兮文化"在云大附中一二一校区开设"茶艺课"。

2017年3月，"芷兮文化"在云南农业大学开设"茶与女性"主题课程。

2018年8月，"芷兮文化"在云南财经大学建立"芷兮文化—财大文化站"，开设公益讲座。

2019年9月，"芷兮文化"在云大附中西林校区开设"茶艺课"。

回顾云南普洱茶发展过程和"芷兮文化"的实践经验，我们认识到科学普及茶知识的必要性，认识到传播茶文化、引导茶文化生活的重要性。同时，也看到"芷兮课堂"在推动茶行业营造良好的经营环境上所起到的积极作用。

从2016年开始，我们组织了"芷兮文化丛书"的编著工作。《芷兮问茶》是该丛书的第一辑。

我们希望"芷兮文化丛书"成为茶叶生产者、经营者和消费者的良师益友和交流平台，成为茶友的精神家园与文化园地。

2020年8月3日

目　录

一叶绿　摄影：吴宁远

《芷兮曲》——我是一叶绿

文/杨军

在地上，未尘落

在空中，未轻浮

云海抬举，雨雾滋润

我以嫩芽绿叶

与芷兮牵手

步云江山湖海，浣心茗馨

一片绿叶，一片绿洲

我以嫩芽绿叶

与芷兮牵手

天沐草灵，日月靓丽

水间净雅，芷兮兰兮

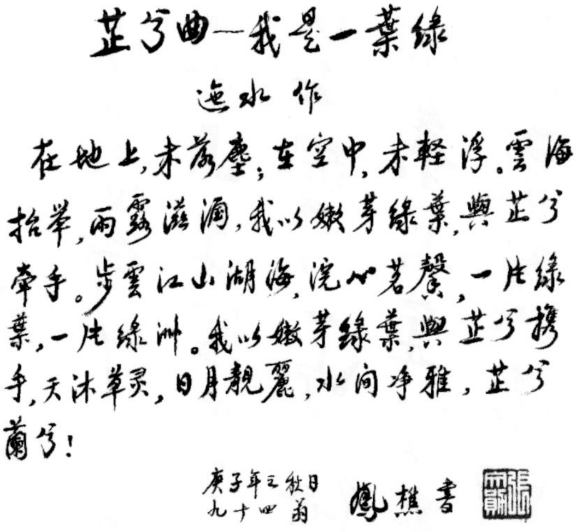

芷兮曲—我是一叶绿

连水 作

在地上，未蒙尘，在空中，未轻浮，云海拍举，雨露滋润，我以嫩芽绿叶，兴芷兮牵手。步云江山湖海，浣心茗馨，一片绿叶，一片绿洲。我以嫩芽绿叶，兴芷兮携手，天沐牟灵，日月靓丽，水向净雅，芷兮兰兮！

庚子年三秋日
九十四翁　凤樵书

张文勋先生《芷兮曲》书法作品

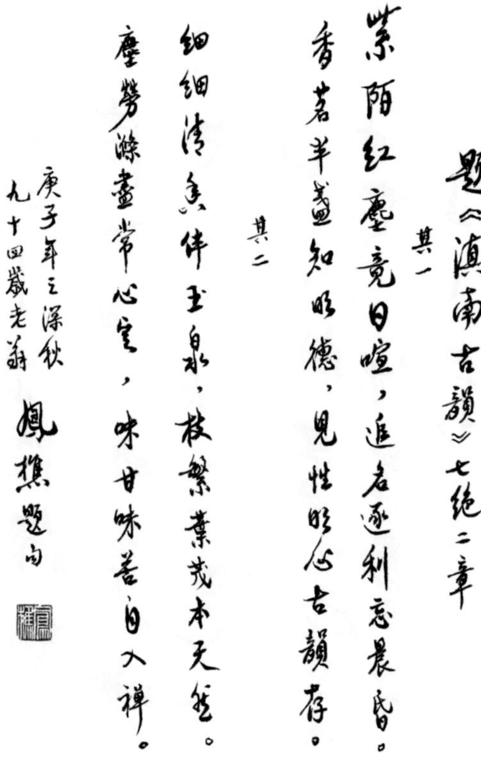

题《滇南古韵》七绝二章

其一

紫陌红尘竟日喧，追名逐利意晨昏。
杏花羞盖知明德，见性明心古韵存。

其二

细细清泉伴玉泉，枝繁叶茂本天然。
尘劳滤尽常心定，味甘味苦自入禅。

庚子年三深秋
九十四岁老翁　凤樵题句

张文勋先生题词

芷兮问荼

孙太仁先生《芷兮曲》书法作品

情 怀

文/刘玲玲

很多人说我爱学习，其实，只说对了一半。生活中有两样东西是我不可或缺的，一样是读书，一样是喝茶。

我读的书有两本，一本是文字的书，从学校课堂上读到的；另一本是非文字的书，是在生活中读到的。

我喝的茶就很多了，种类也很多，茶是我的生活，也是我的老师。我爱学习，是因为我爱读书、我爱茶。

从小，我就喜欢武侠小说，尤其喜欢金庸先生的小说。常常因痴迷武侠小说影响了学习。当时，爸爸任武装部部长，每年的入伍征兵时节，都是爸爸忙碌的时候，一批批新兵由爸爸选送到了部队。爸爸看我这样，就

茶林寻幽　摄影：刘为民

批评我学习不行，很笨，读书慢，说等我高中毕业了，就送我去当女兵。年少的我，一口回绝，并且信誓旦旦地说："我不当兵，我要做女侠，仗剑走天涯。"

爸爸一生在部队，平时说话不多，但说的话都很实在，话中有话，话外有音。我知道爸爸话里有对我的严格要求和更大的希望。

那晚，"很笨、读书慢……"我脑海里反反复复都是这些词。

第二天放学回家后，我把自己关在屋子里做完了作业才出来，一声不吭地吃了晚饭，又回到了自己的屋子。坐在书桌前，我无心地翻着书，望着窗外院子里的一棵小树和院墙外面远处的山林。太阳慢慢落到了远山的后面，天色渐渐暗去，看着院子里和邻居家的灯光，我迷茫了。天色更暗了，山不见了，我悄悄地走到了屋外，深深呼吸着，舒展着身体，仰头的那一刻，被满天繁星深深地感动了。

我的天啊！无数颗小小的星星都在眨巴着眼睛向我打招呼，闪闪的光亮，瞬间照亮了我的心！天空很寥廓，山外很远大。

我要走向更宽广的世界，我要好好读书，我的女侠梦在召唤我，我的世界在召唤我！

因为渴望看看外面更大的世界，我努力读书。读的书越多，想读的书就更多，渐渐地书成了我最好的朋友，读书成了我的生活。

因为想走得更远，想看看更大的世界，我的大学专业选择的是旅游管理。毕业后的第一份工作就是游遍祖国大好河山，为游客叙说千年历史、古今风流人物。我看见了更大的大世界。

我是云南第一批获得国家级导游资格证书的专业导游，专业水平在行业内得到了充分肯定。导游们的收入很让人羡慕，可是在行业里时间越长，我越感觉不舒服。虽然可以多挣一点钱，但是行业里的一些现象却有悖于我为人处事的原则。钱多了，但是我并不开心。

一年的春节，我没有选择在旅游的黄金期加班，不再为了赚钱忙碌，而是回家看望父母。妈妈准备了我喜欢吃的饭菜，麻辣鱼、水煮肉片、红烧肉……真过瘾

茶山生活

啊！吃了好多好多，妈妈做的饭菜太好吃了。听我嚷嚷着要减肥，爸爸在院子的小桌子上沏了茶，说茶可以消食减肥。这茶是深红色的茶汤，味道很浓厚。平时我不喝茶，对茶的认识就是绿茶什么的。爸爸说，这是老战友从云南带来的普洱茶，是好东西。爸爸还讲了许多当时我听不懂又很新鲜的知识。好奇心驱使我立马上网搜索"云南普洱茶"，学习相关知识。

你热爱生活的时候，生活也会回馈你一些什么。也正是这段时间，我有缘结识了我的爱人，才有了后来的故事和现在的我们。

当第一次拜见未来婆婆的时候，婆婆说："玲玲你要选择我儿子，就要选择进大山，你若真爱我儿子，就要真爱我们家乡的茶。"

我与婆婆说，我热爱江湖，热爱大山，川妹子我不但爱茶，还要做茶人。

就这样，茶，让我找到了事业，也收获了爱情。

滇南古韵茶业是我与老公的事业，是我们的爱情果实，也是我的爱好

张文勋先生为《芷兮问茶》题字

使然和姻缘必然。

"柴米油盐酱醋茶"之茶和"琴棋书画诗酒茶"之茶都是我的爱。这一爱就让我步入茶界数十年。

多年里，识茶、寻茶、喝茶、做茶、交友，没有一天离开过茶。在茶的世界里，我越来越安静了，也越发觉得自己对世界的认识太少了。对知识的渴望，让我一次次回到学校不断充电。

云南大学金融资本班一开班，我就去报了名。之前我还上过财务班、总裁班……在不断的学习中，我收获了知识也赢得了企业的发展。

运用知识，把知识投入生产经营中，这就是一种投资。

我们以国标为基准制茶，并附带企业的独特标准，生产流程、环节按照最严格的标准来做。产品一旦标准化，所生产出来的产品就没有任何的品质问题，品质好了，在市场上才有话语权，才能够取得消费者的信任。

如今的社会已经趋于理性，不像以前炒作成风。企业一定要踏踏实实地做一些消费者喜欢的、物美价廉的东西，而且一定要提升服务的品质，要提供给消费者非常好的产品。

在商业社会里，企业一定要对宏观形势和国家政策及经济环境高度的重视和关注，企业的经营一定要按照国家政策法规进行。公司的经营和发展，无论在什么时候，都要时时了解政策的、科学的、宏观的知识，只有这样才能让自己的努力有方向和目标。不断学习是保证不落伍的最重要的一种途径。

在课堂的大森林中，清楚自己想得到什么很重要。要找到所需要的、所喜欢的，要有明确的目标。

不少人说我去学习浪费了工作和生活的时间，对我来说却不是这样的，因为学了以后我总能以自己的方式做到学以致用。

人要随时给自己充电，充正能量的电。在家门口有这么好的学校和老师，不去学习的话时间就浪费了，那是很可惜的。

知识是让人保持青春的最新鲜的空气，知识可以让人活得越来越好，不论做企业还是其他什么，都会因知识的更新变得越来越好。

在与茶友和同学的交往过程中，我们相互学习交流，分享学习心得、工作经验和人生感悟。无论是课堂上书本知识的学习，还是生活工作实践中的学习，都既能获得理论知识，又能享受学习的快乐、分享知识的快乐和快乐生活的快乐！

虽然离开了校园生活，但我却没有离开读书。企业越做越好，工作越来越忙，我的读书生活反而越来越多了。"滇南古韵"走到第九个年头的时候，我再次回到云南大学，攻读硕士学位。而且这次回来，既当学生，又当老师。

2015年，滇南古韵芷兮茶苑正式开业，同时"芷兮文化"的课程正在建设中，"云南大学职业与继续教育学院教学实习实训基地"落户滇南古韵、芷兮文化传播有限公司。我开设的"茶、花、香三道"课程受到了广泛的欢迎。我受聘担任云南大学附属中学综合实践课的茶学特别指导教师，受聘为云南大学、上海海事大学等五所大学教授，主讲"中国传统文化之茶文化"等课程。

在读书和教书的过程中，在学习和做茶的生活中，我喝茶是在学习，学习亦在喝茶。喝茶既是我的生活需要，也成为我的生活方式和一种学习方式。

我走出了大山，又走进了大山；我离开了学校，又回到了学校。这是我四十年的人生轨迹，这也正是我情怀的表露。

鲁迅的名言或许能更好地界定情怀："无限的远方，无数的人们，都与我有关。"情怀是一种超脱本我、惠及大众的普世境界。

清淳淡雅古韵峰

文/芷兮文化

2016年1月31日，90岁的张文勋老先生亲临滇南古韵芷兮茶苑，品临沧的大叶种茶，寻滇茶文化，探讨滇南古韵茶之"韵"。

张文勋老先生，国学大师、诗词大家、文学大家、云南学术界领军人物、中国《文心雕龙》研究权威。

张老先生生于1926年，1953年毕业于云南大学中文系，1956年到北京大学中文系进修两年。历任云南大学中文系文艺理论教研室主任、系主任，云南大学西南边疆民族经济文化研究中心主任，云南大学文科学术委员会主任、学位委员会副主任。现为云南大学文学院荣誉教授。

张老先生为芷兮茶苑题字

张老先生和刘玲玲女士

　　张老是中国《文心雕龙》学会副会长、云南诗词学会会长、中华诗词学会常务理事、中国作家协会会员、云南省文史研究馆名誉馆长、云南诗词学会终身名誉会长。《中国作家大辞典》以及美国《世界名人大辞典》、美国ABI传记协会《世界名人录》等数十种名人录均收有张老的词条和传略。

　　张老喜爱喝茶，也非常懂茶，尤其喜爱云南临沧的大叶茶。他认为"无苦不叫茶"，但茶的真正韵味则在甘苦之外。此次光临芷兮茶苑，在探讨滇南古韵茶之"韵"之余，张老还亲自挥毫泼墨，留下一些咏茶的诗词墨宝。

　　在张老的人生辞典里，为师、为学、为人高度和谐统一。张老把他获得的兴滇人才奖的奖金全部捐献给云南大学设立张文勋奖学金，帮助、扶持需要帮助的莘莘学子。

　　张老曾说过这样一段话："我没有什么轰动的业绩，也没有什么惊人的创举，只是认认真真备课、上课、辅导、改作业，余下的时间就是读书、做学问、写文章。我自觉教书是认真的，做学问是努力的，我所做的是一般教师都应该做的，而且是应该做到的，如此而已，岂有他哉！"

　　张老的为人和学识都如此令人敬重和钦佩。此次他能够前来滇南古韵，并给企业以很多关于滇茶文化发展的思路，我们心中都十分感激。愿其身体康健，惠泽更多的学子。杨军教授有感于张文勋老先生来芷兮茶苑探讨滇茶之味、滇南古韵之韵，作诗一首：

　　　　秋云墨锦芷兮春，古韵滇茶品味珍。

　　　　味外之味尤醇正，清淳淡雅世人尊。

张老先生于芷兮文化合影

浣溪沙·恨别终逢玉爪催

文/周铭

　　恨别终逢玉爪催，纵情欢谑敞心扉。阴霾散去扫愁眉。

　　吟诵芷兮惊满座，诠评甘露饮连杯。偷闲躲静几人回？

茶会合影

诗与远方·茶与生活

文/芷兮文化

　　2016年8月5日晚，诗与远方·茶与生活——滇南古韵公园1903冠响汇·芷兮分苑开业，雅集圆满落幕，太多的感动，太多的思考……

　　感谢张文勋老先生坐镇，感谢专家组的点评，远方，有诗，有梦，还有茶！

　　8月5日晚7点左右，嘉宾陆续到场，现场气氛热烈，大家怀着期待的心情等待茶会的开始。

"清茶一杯倍温馨，席上多闻赋诗声。雅俗共赏齐和韵，淡泊宁静仰鸿儒。"（杨军教授）在如诗般优雅的环境下，品味滇南古韵"冰岛""昔归"茶，感受沁人心脾、回味无穷的滋味，更多了几分难以言喻的美好意境！

刘玲玲和张老签书合影

"一炉真香起，静中开鸿蒙，香气如烟，烟形如画，丰富美丽，回旋飘忽。"在静心凝神的香气中，众位专家学者品诗谈茶，喜笑颜开！

杨军教授和张老

在一片欢声笑语中，张文勋老先生为大家的诗歌做了点评，分享了自己几十年来读书的乐趣和感动，并为各位嘉宾亲自签名赠送了其新作《书山掏宝的苦与乐》。

在茶香中、在书香里，本次雅集活动圆满结束，也意味着滇南古韵公园1903冠响汇·芷兮分苑正式开业，让传统文化融入现代生活的各个领域，让快节奏的现代生活多一份清纯、幽雅、质朴的气质。

滇南古韵将竭诚为大家提供集茶道、花道、香道为一体的三雅道培训及国学、诗歌等讲座服务，创造社区服务新模式！

芷兮印象

——关于幸福人生的阐释

文/翟新兵

一

王小波从徐迟的《哥德巴赫猜想》中读出了浪漫。王小波觉得徐迟写陈景润，文人写数学家，因为是外行，所以就浪漫！

芷兮（刘玲玲的笔名）约我写一篇文宣，我有同样的担心：芷兮是茶叶专家，我完全不懂茶，所以也难免写得浪漫！

好在除了茶之外，还可以谈谈别的，比如生活态度、友情、文学、酒……

第一次见到芷兮是在某次上课前，电梯里简单聊过几句，然后加了微信，算是初识。

我看到她的微信签名是"芷兮"的时候,忍不住想,这名字好诗意,印象中当年学习的古典文学中出现过此二字,百度一下,才慢慢回想起来是屈原《九歌·湘夫人》中的名句"沅有芷兮澧有兰"。

"百度百科"里对芷的释义为:芷,名词;形声字,从"艹",从"止",止亦声。"止"意为"停步"。"艹"本指草本植物,这里指香草。"艹"与"止"联合,意为"香味令人止步的草"。

后来知道,芷兮做茶,生意做得红红火火,商号叫"滇南古韵""阿颇谷";还做文化传播,叫作"芷兮文化"。

芷兮的先生罗斌,是云大总裁班中与我相熟的学员。和芷兮真正熟起来是在南昌。江西财大总裁班返校周,我和芷兮被海博主任邀请参加聚会,记得那天晚上一起喝酒的还有几位同道中人:王启鸣、张永光、刘创、李晓东……

他乡遇故知,又是久别重逢,于是开怀畅饮,不知不觉中侠肝义胆爆棚,巾帼不让须眉。真可谓"人生难得几回醉?唯有饮者留其名"!

第二天早上见面,相视一笑,心照不宣。从此以后,和芷兮不只是茶友,也是酒友。每次我到云大讲课,定会和芷兮约茶、约酒,畅谈人生。

品茶、品酒、畅谈

二

我和芷兮的相处，令我感受最深的是芷兮对于事业和生活的态度。

近年我读了一些积极心理学的书，有时也不知天高地厚地给总裁班的学员讲几句"哈佛幸福课"，常常在不知不觉中拿身边的人物去对标，我觉得，芷兮是一个真正幸福的人！

哈佛大学的泰勒·本·沙哈尔博士在他的《幸福的方法》一书里说：我们衡量商业是否成功，标准是金钱，用钱去评估资产和债务，利润和亏损；那么衡量人生是否成功，标准应该是什么呢？应该是我们的幸福感，幸福感是衡量人生的唯一标准，这是所有目标当中的最高目标。

沙哈尔博士认为，幸福是人生的一种收入，痛苦是人生的一种支出，如果今天你的幸福多于痛苦，那么你今天的人生就盈利了；如果你今天的

翟新兵老师与刘玲玲及邵宛芳夫妇交流茶文化

痛苦多于幸福，那么你今天的人生就亏损了；如果你天天痛苦，天天烦恼，人生就已经破产了——这是人生的算法。

所以，我评价一个人，不是看财富和社会地位，而是看他是否是一个幸福的人！

一个幸福的人，才是真正成功的人！

美国积极心理学家马丁·塞里格曼在《持续的幸福》一书里对幸福的定义是：幸福的内涵应该涵盖所有的人们所追求的东西。实现幸福的人生，至少应该具备以下五个元素：

第一个元素——积极的情绪。

第二个元素——身心投入。

第三个元素——良好的人际关系。

第四个元素——做有意义的事情。

第五个元素——有成就感。

这五个方面芷兮无疑都做到了，而且有些方面几乎做到了极致。

第一，积极的情绪。积极乐观的生活态度，是芷兮给人最直接的印象。每次见到芷兮，她都是热情洋溢、面带笑容，她那发自内心的对于生活和工作的热爱可以强烈地感染着你。笑容是一个女人最好的化妆品，爱笑的女人更幸福！

加州大学伯克利分校的两位研究者，对密尔斯女子学院1960年的毕业照做了分析：毕业照上面共有141位女生，其中只有3位女生没有笑，其他的女生都笑了，但是她们的笑不一样。微笑分为两种，一种是发自内心的真心的喜悦，这种笑叫作提香式的微笑。提香式的微笑是以法国医生提香（也译为迪香）的名字命名的，特点是不仅嘴角上扬（嘴角上扬特别容易伪装），脸颊肌和眼角肌也同时上扬（装起来特别难）。另外一种微笑叫作"官夫人剪彩的微笑"，我们中国人称其为"皮笑肉不笑"。其仅仅是嘴角上扬，是象征性的假笑。研究者在这些女生27岁、43岁、52岁的时候做回访，了解她们的生活状况。最终的研究结论是：拥有提香式微笑的女生更可能结婚，结婚之后婚姻更长久，家庭更稳定，生活更幸福。

第二，身心投入。芷兮对茶艺，对茶树、茶山，对茶农，对茶文化，对柴烧，对写作……都倾注了满腔热情，可谓"躬身入局"、精益求精，每次谈起这些话题她都是津津乐道，乐此不疲。

第三，良好的人际关系。芷兮是一个广交朋友、广结善缘的人，可谓朋友遍天下。芷兮的朋友不只有茶商、茶农，更多的是老师、学生、同学（芷兮既是云大总裁班的学员，又是多所大学的客座教授），还有茶友、文友、酒友……

哈佛大学有一项历时75年的研究，叫作格兰特研究（项目一开始叫作"哈佛生命历程研究"，后来叫"哈佛社会适应格兰特研究""哈佛成人发展研究"）。项目启动于1938年秋天，这项研究跟踪了724个年轻人，这些年轻人中268人是哈佛大学的学生，456人是来自波士顿贫困家庭的男孩。研究者在他们年轻的时候，就对他们做回访调查，当项目结束的时候，724人里面有600多人已经去世了，还剩下60多个人活着。这些人里面，有一个成了美国总统——肯尼迪，他是哈佛大学政治学院的学生。此外，还有各行各业的成功人士，如大律师、大法官、企业家等；也有

各种各样的不成器的人，他们犯罪、吸毒、穷困潦倒……对于75年的调查问卷，专家做了大数据分析，想要了解是什么因素让一个人生活得更幸福。

不管你是受过高等教育，还是从贫民窟走出来的，不管你的人生是光芒万丈，还是碌碌无为，真正让你感到幸福的最重要的因素，不是金钱，不是声誉，不是成就，而是非常简单的一个因素——我们和周围的人之间的人际关系。

人际关系，尤其是亲密关系是影响幸福的首要因素，这是积极心理学的共识。

关于人际关系，格兰特研究给出了三个结论：

第一个结论，孤独寂寞不只影响幸福感，还影响身体健康。

第二个结论，人际关系的质量比人际关系的数量重要。

第三个结论，好的人际关系对大脑是有力的保护。

济世茗

文/杨军

秋中白露上高峰，再望风流竞数星。

过隙白驹飞踏燕，诗书把盏蕙兰亭。

芷兮问茶群英会，一叶清流重晚情。

济世茗馨芳草木，灵犀天曲诵茶经。

格兰特研究还得出了这样一个结论：当智力达到一定水平之后，一个人的成功主要取决于与他人的人际关系水平。

第四，做有意义的事。芷兮无疑在做着自己热爱的事，不管是茶叶经营，还是传播茶文化、讲授插花艺术，又或者是阅读和写作……芷兮都是发自内心地喜欢。

在关于成功的众多定义中，我最认同的一个是：成功就是做自己想做的事，成为自己想成为的人。

美国积极心理学家米哈里·契克森米哈赖提出了"心流"的概念。

米哈里调查了来自艺术家、运动员、作家、画家、普通人的100万份"什么时候最幸福？"的问卷。

最终的结论：一个人最幸福的时候，是他在做事的时候。做什么事情呢？做自己喜欢的事，乐在其中，其乐无穷，忘了时间，忘了自己……

米哈里把这种状态叫作"心流"，也叫沉浸体验，指做事的时候全身心投入其中忘我的状态。心流令人精神专注，可以给人带来一种生命充实的体验。

如果一个人从事的是自己热爱的工作，他会觉得一生中没有一天在工作，因为工作本身就是乐趣，这无疑是人生的最佳状态。美国学者研究发现，各行各业最优秀、最成功的人，其中96%的人一生都在从事自己最喜欢的工作！

芷兮无疑属于这样一个群体！

第五，有成就感。芷兮是一位成功人士，不管是在他人的眼中还是自己的心中，都应该是！

芷兮是茶叶专家，茶叶生意在全国业内极具影响力……

芷兮是云南几所大学的客座教授，她分享成功女性的生活品质，讲授茶文化，传播插花艺术……

芷兮写得一手好文章，文笔清新脱俗、优美细腻。

芷兮家庭幸福美满，芷兮和罗斌在事业上相互支撑，在生活中相濡以沫，是公认的神仙伴侣……

芷兮是我的朋友中幸福人生的一个典型范本！

三

农学家会把昆虫分成益虫和害虫，我则把朋友分成益友和损友。

所谓益友，相处可以增长你的见闻，开阔你的见识，愉悦你的身心。益友又可分为有趣的和无趣的两种。

所谓损友，相处其实就是一种消融，消磨你的意志，泯灭你的信心，耗费你的精力。

芷兮之于我，就是有趣的益友，既是茶友，又是文友，更是酒友。

翟新兵老师与芷兮团队在建水开窑

朋友间的心理距离，和空间无关，和见面次数无关，和身份地位无关，和年龄性别无关；和世界观、人生观、价值观有关，和兴趣爱好有关，和性情格调有关，正所谓"物以类聚、人以群分"。

容颜，总有一天会衰老；财富，总有一天会用尽；只有真挚的友情，像陈年的普洱，岁久弥香，弥足珍贵。

几年前，《一席》栏目上，一位台湾艺人讲对柴烧的迷恋，竟然勾起了我内心的匠人情结，心心念念想垒一座属于自己的窑炉，无奈住在水泥森林没有那么大的地方供我折腾，得知芷兮在建水有一座柴烧的窑炉，便一直惦记着。

我觉得人生就如柴烧，开炉的时刻最为激动人心，一切皆有可能：可能让你惊喜万分，也可能让你万念俱灰。出窑之前一切都不确定，出窑之后一切都不能再更改。

所以人生可以概括为两句话：前半生叫作不犹豫，后半生叫作不后悔！这正是柴烧的魅力所在，也是生活迷人的地方。

芷兮一直约我去建水，完成一次柴烧的体验，但是一直未能成行。

正因为没有成行，心中的柴烧情结才一直念念不忘，无法释怀！

芷兮，你尚欠我一次柴烧！

名家说茶

茶文化与大学生素质教育

文/邵宛芳

　　世界上的名牌大学之所以成为名牌，都因它独特的文化创造。如美国哈佛大学对本科生的五条要求中的第五条指出："一个在哈佛大学受过教育的和没有受过教育的人的最大区别在于，前者的视野比后者宽阔。"为什么？其中一个重要的原因是人文背景宽阔。在清华大学90周年校庆时，牛津大学校长Lucas先生曾指出，牛津一流的大学理念体现在三个方面：除了有很高的国际声誉、一流的学术研究设施和雄厚的师资力量外，还有好的人文环境。一旦人文背景宽阔，巨大的包容性就拓宽了交流的空间；大学应通过自身的文化创造来丰富社会主义文化，从而保持文化的先进性，并提高大学的文化辐射力。在国家的文明建设中，大学应是新文化孕育、诞生之地。加强大学生素质教育，特别是文化素质教育，已成为我国高等教育的重要内容。

　　其实，不管是中国还是西方，古代的教育也都十分重视人的素质的

邵宛芳教授于芷兮文化培训班 合影

培养。中国教育一直是以人的素质培养为基本目标的。《大学》里讲，"修身、齐家、治国、平天下"。所谓修身，就是要培养个人的良好素质，而这是一个人服务好社会的基础。在西方，重视人的素质培养也一直是教育的传统。古希腊哲学家亚里士多德认为，最高尚的教育应以发展理性为目标，使人的心灵得到解放与和谐发展。因此，他提出著名的自由教育（liberal education）的概念。这个观念对西方的教育产生了深远的影响。著名教育家纽曼（Cardinal Newman）一再强调大学以人文精神的培养为主要目标。由此可见，加强文化素质教育是人类教育史发展的一个必然结果，也是世界教育发展的一个普遍趋势。

文化素质教育能够完善学生的思维方式。思维科学研究表明，逻辑思维和形象思维对创造思维犹如车之两轮、鸟之双翼，缺一不可。加强文化素质教育有利于发展理科学生的想象、直觉、感悟等形象思维，对文科学生则有利于培养其定量分析的逻辑思维。如果大学生具有较高的文化素质，无论在专业学习上，还是在实际工作中，他都能够坚韧不拔、顽强拼搏，克服一切困难去完成学业和工作。

此外，文化素质教育是学生身心素质发展的基础。一方面，学生通过学习人文社会科学和自然科学知识，学会正确认识人与自然、人与社会、人与人的关系，懂得生命存在的价值，从而爱惜生命，自觉地注意自己的身心健康。另一方面，文化素质教育可以提高学生的精神境界，培养学生科学的思维方法和生活方式，使他们能够正确认识和超越现实的种种矛盾，从而产生实现理想的顽强毅力和百折不挠的奋斗精神，而这种毅力和精神正是可贵的心理品质。所以，培养学生好的身心素质，必须要有文化素质教育作支撑。

国民文化素质的高低也是一个国家综合国力的重要体现，发展素质教育是中国社会发展和社会主义精神文明建设的需要。一个民族，如果只有经济成就，而不能在人类精神文明的宝库中做出积极贡献，就会像过眼云烟，在人类历史上不会有多少地位。许多学者在分析和计算一个国家的综合国力时，对于文化教育和国民素质都给予了很大的比重。

由此可见，加强文化素质教育是人类教育史发展的一个必然结果，也是世界教育发展的一个普遍趋势。我们今天进行的文化素质教育，从内容来说，应该包括人文教育和科学精神的培养两个部分。对于理工科院校和农林院校而言，应加强人文科学类选修课程的建设，以实现文理渗透，这也是顺应经济建设及社会发展的必然举措，是提高人才综合素质的优良途径。

为了提高学生的文化素质，必须给学生传授大量的文化知识，从社会、历史、哲学、文学、艺术，到当今先进的科学技术，使学生认识几千年来人类所积累的丰富的文化遗产，大力弘扬和发展中华民族的一切优秀文化。而在我国优秀的民族文化中，茶文化也可以说是一个重要方面。

中国茶文化博大精深、源远流长。自神农最初发现和利用茶以来，其在中国历史上已经飘香了几千年之久，伴随着中华民族的繁衍而生生不息。在漫长的岁月中，中华民族在茶树品种选育、茶树栽培、茶叶加工、茶艺茶道及茶的综合利用方面，为人类文明史留下了绚丽光辉的一页。而"茶叶之路"连接华夏神州与海外世界的作用，并不逊色于"丝绸之路"。至今，茶已广植于近60个国家和地区，饮茶之风遍及全球，茶乃是中华民族的骄傲。今天，茶已成为中国人民最喜爱的饮品，茶的作用已涉及人的身体与心灵、人生与社会的各个方面，它不但可以促进身体健康，而且可以修身养性，陶冶人的情操，从而引导人们养成良好的行为习惯。

茶文化蕴含的精华，源自我们中华民族的优良传统，在新世纪应该进一步发扬光大，使其成为先进文化的组成部分。据此，本文分析了茶文化特有的育人功能，探索了依托茶文化开展大学生文化素质教育活动的措施，旨在为如何培养高文化素质的人才提供参考依据。

茶文化具有以下育人功能：

一、培育学生的品性修养

"君子爱茶，因为茶性无邪。"儒家极其看重人格思想，注重提高个人品德修养，追求一种崇高的精神境界，努力探索人生的意义。儒家推崇仁、义、礼、智、信，讲求自我修养，胸怀大志，标高树远。在为人处事中，以礼相待，"礼之用，和为贵"，中庸、和正、知节。知节无奢欲，无欲则刚直，正所谓"君子之交淡如水"。

邵宛芳教授与刘玲玲女士合影

宋代著名诗人欧阳修的《双井茶》中的"岂知君子有常德，至宝不随时变易，君不见建溪龙凤团，不改旧时香味色"，已成了茶人传颂的名句。可见欧阳修精通儒学，也对茶道颇有研究，他借茶喻德，借茶性之洁，歌颂人的高尚情操。唐代儒家诗人韦应物对茶热爱无比，写下了不少赞美茶的诗篇，其《喜园中茶生》有这样的名句："洁性不可污，为饮涤尘烦，此物性灵味，本自出山原。"他把茶视为"灵物"，以茶的洁净不可污来比喻人品之高洁，将茶视为一种高雅的象征。裴汶的《茶述》称："茶……其性精清，其味淡洁，其用涤烦，其功致和。"

唐代刘贞亮喜欢饮茶，并提倡饮茶修身养性，他将饮茶的好处概括为"十德"，即"以茶散郁气，以茶驱睡气，以茶养生气，以茶除病气，以茶利礼仁，以茶表敬意，以茶尝滋味，以茶养身体，以茶可行道，以茶可雅志"。他不仅把饮茶作为养生之术，而且还把饮茶作为修身之道。最值得谈的是，陆羽的《茶经·一之源》中开宗明义地指出茶人必须是"精行俭德之人"，强调品茶是进行自我修养、陶冶情操的方法。而"精行俭德"正是陆羽所提倡的茶道精神，反映出他作为一个儒者淡泊明志、宁静致远的心态。

中国著名茶学家、浙江农业大学的庄晚芳教授，生前多次发表文章，倡导"廉、美、和、敬"的"中国茶德"。他说："中国茶德，四字守则，四句诠释为：廉俭育德，美真康乐，和诚处世，敬爱为人。清茶一杯，推行清廉，勤俭育德。以茶敬客，以茶代酒，减少'洋饮'，节约外汇。清茶一杯，共品美味，共赏清香，共叙友情，康乐长寿。清茶一杯，德重茶礼，和诚相处，做好人际关系。清茶一杯，敬人爱民，助人为乐。"庄晚芳先生倡导的四字茶德，有它的内在联系。廉是前提，以茶敬客，以茶代酒，是转变风气的需要；美是内容，从品味中得到精神上和物质上的美好享受，是品茶的真谛；和是目的，以茶为媒介，联络感情，调整关系，和衷共济，和睦相处；敬是条件，敬重对方，实际也是敬重自己，敬重对方，不仅要有好的态度，而且要有好的处事方法。

由此可见，茶文化是以德为中心，并体现出文明行为的道德规范。弘扬校园茶文化，可引导学生树立正确的人生观、世界观和价值观。通过茶清新雅淡的品性，可潜移默化地教育学生树立勤俭节约、不计名利得失的优良品质。一盏清茶苦尽甘来的茶性又能启迪人们先苦后甜，先天下之忧而忧，后天下之乐而乐的思想品德。饮茶的意境能孕育出良好的心态，净化和滋润人的生命。因此，茶文化具有陶冶人、引导人的功能。

二、激发学生的爱国热情

茶源于中国。目前，世界上种茶、产茶的国家和地区近60个，饮茶之风遍及全球。追本溯源，其最初的种质资源、栽培方法、加工方式、品饮习俗等都是直接或间接地由中国传播出去的，故人们把中国称为"茶的故乡"。英国的中国科技史专家李约瑟长期从事中国科技史研究，他把茶称之为继火药、造纸术、指南针、印刷术四大发明之后，中国对人类的第五大贡献。几千年来，随着饮茶风俗不断深入中国人民的生活，茶文化也在我国悠久的民族文化长河中日益发展丰厚起来，并成为中华民族五千年文化中的一颗璀璨明珠。可以说，我国的茶区之广、茶类之多、饮茶之盛、茶艺之精、茶文化内涵之丰富，素负盛名。茶，不仅浸润着中华民族的人生理想，也成为连接世界各族人民友谊的绿色纽带。茶文化又是中华民族传统文化的缩影，通过茶文化的宣传，让学生了解茶的历史、茶的贡献，可激发学生的爱国热情，培育他们的民族自尊心、自信心和自豪感。

三、提高学生的文化素养

"茶文化"具有涉及内容多样化和对学生教育全面性的特点。中华茶文化延绵数千年，中国堪称喝茶历史最久远、饮茶人口最多、饮茶方式最多样的国家。自茶与人类结缘开始，茶就以其优良的品质体现出与人类自然亲和的关系。古老而厚重的中国茶文化多蕴含着高度的艺术与文化价值，它使人心性和情操得到陶冶，使人醇然旷达，自得其乐。茶文化之所以成为华夏文明的一个组成部分，是因为茶文化与中国传统文化的精神实质相谐相和。茶文化可以说是中国传统文化儒、佛、道、墨诸家优秀思想的集结，其涉及社会的方方面面，包容了文、史、哲、艺术、美学等多学科的内容，具有综合性、知识性和全面性的特点。今天，当我们端起茶盏时，会觉得不仅仅是在喝一杯茶，以茶解渴的功效似乎有些淡化。人们仿佛是在品饮历史、品饮礼仪、品饮各民族丰富多彩的习俗，又仿佛是用茶去洗涤灵魂、陶冶情操、获取精神上的愉悦。开展不同形式的茶文化活

邵宛芳教授在"滇南古韵"与众人合影

动，可对学生起到全方位的教育作用，既能给予学生物质的享受、知识的拓宽，同时又能让学生得到心灵的净化、精神的愉悦和熏陶。如内容丰富、各具特色的茶礼、茶道都容纳了礼仪道德、科学艺术的内容。学生在学习、欣赏茶礼、茶道的过程，可提高自身欣赏美、创造美的能力。而以茶为内容所产生的各种茶诗、茶画、茶曲、楹联也都能拓宽学生的知识视野，增加他们的人文知识。

总之，对高校学生而言，茶文化的宣传，不仅可拓展学生的知识面，增加其对中国几千年茶文化丰富内涵的理解，培养其相应的文化素质，而且可提高大学的文化辐射力，促进校园的精神文明建设，使得校园文化氛围多姿多彩。同时，通过传播茶文化，可倡导一种对人生、对困难的独特理解和态度，培养祥和自然的人生态度，从而能在大千世界宠辱不惊、泰然处之。

普洱茶标准的发展及普洱茶品质特征

文/祝红昆

云南是世界著名茶树发源地，是中国重要的茶叶生产基地。云南茶园主要分布在低纬度、高海拔的山区和半山区，这里水源清洁、土壤肥沃、日照充足、温度适宜。云南独特的自然环境孕育了丰富的茶树品种资源，造就了优异的茶叶品质。普洱茶是云南传统历史名茶，具有强烈的地域特征。它以饼茶、砖茶和沱茶为主要形制，传承着中国魏晋以来1800多年的茶叶加工技艺和"天圆地方"的哲学思想，是云南茶叶的金字招牌，深受消费者喜爱。2013年以来，云南茶类结构中普洱茶、绿茶、红茶产量比例约稳定在2：1：1，普洱茶已跃升为云南第一大茶类。至2019年，普洱茶产量达14.3万吨，成品均价为127元/千克。据浙江大学中国农村发展研究院（CARD）中国农业品牌研究中心联合相关机构发布的《2018年中国茶叶区域公用品牌价值评估研究报告》，"普洱茶"品牌价值达64.1亿元，连续两年在全国排名第一。

一、茶叶标准的作用及分类

茶叶标准是从事茶叶生产、加工、贮存、销售以及资源开发利用必须遵循的行为准则，它是政府规范市场经济秩序，加强茶叶质量安全监管，确保消费者合法权益，维护社会和谐和可持续发展的重要依据。我国现行的茶叶标准是从中华人民共和国成立后开始逐步建立和完善的，最初以实物样为基准，按茶叶初制、精制的不同加工工艺和内销、边销及外销等不同销售市场分为毛茶标准样、加工标准样和贸易标准样三类。1981年，中华人民共和国对外贸易部行业标准WMB 48—81（1）《茶叶品质规格》发布实施。1982

祝红昆老师审评小青柑

年6月1日实施的GBn 144—1981《绿茶、红茶卫生标准》是我国最早的茶叶卫生安全标准，该标准1988年被GB 9679—1988《茶叶卫生标准》代替。1988年，GB/T 9833紧压茶系列标准发布实施；1992年，GB/T 13738第二套红碎茶、第四套红碎茶等产品标准陆续发布实施。

（一）我国标准的分类

根据2018年1月1日施行的《中华人民共和国标准化法》第二条，标准（含标准样品）是指农业、工业、服务业以及社会事业等领域需要统一的技术要求。我国标准包括国家标准、行业标准、地方标准、团体标准、企业标准。国家标准分为强制性标准、推荐性标准，行业标准、地方标准属推荐性标准。

根据2015年10月1日施行的《中华人民共和国食品安全法》第三章，食品安全标准是强制执行的标准，包括食品安全国家标准、食品安全地方标准（无食品安全国家标准的地方特色食品）、食品安全企业标准（严于食品安全国家标准或地方标准）。

（二）我国茶叶标准及归口管理部门

我国标准管理部门是国家市场监督管理总局（对外保留国家标准化管理委员会牌子）。该部门以国家标准化管理委员会名义，审议发布标准化政策、制度、规划、公告；下达国家标准计划，批准发布国家标准；协调、指导、监督行业、地方、团体、企业标准工作。各类标准归口管理部门如下：

（1）第一类是地理标志产品标准，归口国家标准化管理委员会下设的原产地域产品标准化工作组（SAC/WG4）管理，秘书处设在中国标准化协会。目前，茶叶国家地理标志产品标准有18项，例如GB/T　22111—2008《地理标志产品　普洱茶》。

（2）第二类是食品安

祝红昆老师于芷兮文化审评茶叶

全标准，归口卫健委下设的食品安全国家标准审评委员会管理，秘书处设在卫健委。目前，由卫健委归口管理的茶叶国家标准有6项，例如GB 2763—2019《食品安全国家标准　食品中农药最大残留限量》。食品安全地方标准、食品安全企业标准由各省卫健委作为归口管理单位制定。云南省的茶叶食品安全地方标准有1项，DBS 53/012—2013《昌宁红茶》。

（3）第三类是茶叶领域标准。国家标准化管理委员会批准的全国茶叶标准化技术委员会（SAC/TC339，简称全国茶标委）归口管理全国茶叶领域的标准化工作（主要包括基础、仓储物流、产品、方法等推荐性国家及行业标准），秘书处设在中华全国供销合作总社杭州茶叶研究院。目前，该委员会归口管理茶叶相关国家标准79项，例如GB/T 14456.2—2018《绿茶　第2部分　大叶种绿茶》等。

（4）推荐性地方标准、团体标准、企业标准由各省市场监管局（标准处）归口管理。

（三）我国茶叶分类

国家标准GB/T 30766—2014《茶叶分类》（全国茶标委归口管理）以加工工艺、产品特性为主要分类原则，结合茶树品种、鲜叶原料、生产地域等对我国茶叶进行了分类。该标准按加工方法不同将茶叶分为绿茶、红茶、青茶、白茶、黄茶、黑茶六大类；按后加工方式不同将茶叶分为紧压茶、花茶、袋泡茶、粉茶等。

普洱茶按加工工艺及品质特征分为普洱茶生茶、普洱茶熟茶两种类型；按外观形态分普洱茶（熟茶）散茶（属黑茶）、普洱茶（生茶、熟茶）紧压茶（属再加工茶—紧压茶）两类。

二、普洱茶标准的发展历程

中华人民共和国成立以来，云南茶叶标准体系建设从无到有，逐渐深入。云南为打造高原特色第一绿色产业，目前正在构建包括茶叶标准化体系、推广体系和经济效果评价体系在内的全产业链规范秩序。普洱茶标准经历从加工贸易标准样、地方标准的初建、农业部标准范围定义的争议、地方标准的修订，到普洱茶获批地理标志产品保护而得到国家标准制定的主动权、话语权的演变过程，其主要分为以下几个阶段：

（一）紧压茶加工规格质量贸易要求

1. 1955年，国家发布了紧压茶饼茶、圆茶、方茶、沱茶的重量规格和理化指标，并对这四种茶的外形规格和内质做出了规定。当时普洱茶按紧压茶要求加工。

2. 1973年，"渥堆发酵"普洱熟茶诞生。1979年，云南茶叶进出口公司拟订了《云南普洱茶制造工艺要求（试行办法）》，统一了9个标准样，确定了普洱茶茶号的编号办法，统一了普洱茶的质量标准和加工工艺。1979年4月1日，云南省茶叶进出口公司将云外茶调字〔79〕第40/12号文件《关于普洱茶品质规格和制造要求的通知》下发昆明、勐海、下关、普洱4个地方的茶厂，对普洱熟茶散茶的等级、出厂水分、茶叶灰分、净度等指标进行了规范，同时对普洱紧压茶的沱茶、砖茶、七子饼茶的配料比例、水分标准、形状规格、灰分、含梗量、杂质、筛分方式及外形色泽、内质汤色、香气、滋味等指标进行了限定。

（二）普洱茶地方标准

1. 2003年1月26日，云南省质量技术监督局发布云南省地方标准DB53/T 103—2003《普洱茶》，并于2003年3月1日实施。该标准是首个普洱茶产品标准，对推动普洱茶产业发展具有里程碑意义。

按该标准的定义，普洱茶是以云南省一定区域内的云南大叶种晒青毛茶为原料，经过后发酵加工成的散茶和紧压茶。该标准规定了普洱茶外形色泽为褐红，内质汤色红浓明亮，香气为独特陈香，滋味醇厚回甘，叶底褐红。该标准规定普洱茶按形状分为普洱散茶（按品质分特级、一～十级）和普洱紧压茶（圆饼、沱形、砖形等多种形状及规格）两种。

2. 2006年7月1日，云南省质量技术监督局修订发布云南省地方标准DB53/ 103—2006《普洱茶》，代替DB53/T 103—2003，同时发布了DB53/T 171—2006《普洱茶产地环境条件》、DB53/T 172—2006《普洱茶生产技术规程》、DB53/T 173—2006《普洱茶加工技术规程》3个地方标准，于2007年1月1日实施。

按DB53/ 103—2006的定义，普洱茶是云南特有的地理标志产品，以符合普洱茶产地环境条件的云南大叶种晒青茶为原料，按特定的加工工艺生产，具有独特品质特征的茶叶。普洱茶分为普洱茶（生茶）和普洱茶（熟茶）两种类型。该标准按外观形态将普洱茶分为普洱散茶（特级、一～十级）、普洱紧压茶（圆饼形、碗臼形、方形、柱形等多种形状和规格）。

（三）普洱茶农业部标准（行业标准）

2004年4月16日，农业部发布行业标准NY/T 779—2004《普洱茶》，于2004年6月1日实施。

该标准适用于以云南大叶种晒青毛茶经熟成再加工和压制成型的各种普洱散茶、普洱压制茶、普洱袋泡茶。熟成是指云南大叶种晒青毛茶及其压制茶在良好贮藏条件下长期贮存（10年以上），或云南大叶种晒青毛茶经人工渥堆发酵，使茶多酚等生化成分经氧化、聚合、水解系列生化反

应，最终形成普洱茶特定品质的加工工序。

（四）普洱茶国家标准

1. 2008年5月13日，国家质检总局2008年第60号公告批准对普洱茶实施地理标志产品保护。云南省质量技术监督局组织相关单位在4个地方标准的基础上，结合1800多组（1487组抽检）验证数据，申报了普洱茶国家标准。2008年6月17日，国家质检总局和国家标准化管理委员会发布了国家标准GB/T 22111—2008《地理标志产品　普洱茶》。该标准2008年12月1日实施，至今有效。

2. 2014年6月，云南省质量技术监督局启动标准化项目"普洱茶国家标准关键技术指标修订"，并于2018年7月完成。该项目以修订单形式对GB/T 22111—2008《地理标志产品 普洱茶》内容进行修订。

表1　地方标准、农业部标准、国家标准的演变过程

序号	标准代号	强制性/推荐性	普洱茶适用范围	要求	产品分类
1	DB53/T 103—2003	推荐性	以云南省一定区域内的云南大叶种晒青毛茶为原料，经过后发酵加工成的散茶和紧压茶。其外形色泽褐红，内质汤色红浓明亮，香气独特陈香，滋味醇厚回甘，叶底褐红；按形状分为普洱散茶、普洱紧压茶	基本要求、感官要求、理化指标、卫生指标、净含量允差	普洱熟茶
2	NY/T 779—2004	推荐性	适用于以云南大叶种晒青毛茶经熟成再加工和压制成型的各种普洱散茶、普洱压制茶、普洱袋泡茶	基本要求、感官要求、理化指标、卫生指标、净含量负偏差要求	晒青毛茶及其压制茶长期贮存10年以上或人工渥堆发酵的各类普洱茶

续表

序号	标准代号	强制性/推荐性	普洱茶适用范围	要求	产品分类
3	DB53/103—2006	部分强制性	云南特有的地理标志产品，以符合普洱茶产地环境条件的云南大叶种晒青茶为原料，按特定的加工工艺生产，具有独特品质特征的茶叶。分为普洱茶（生茶）和普洱茶（熟茶）两种类型	基本要求、感官品质、理化指标、安全性指标、净含量允差	普洱茶（生茶） 普洱茶（熟茶）
4	GB/T 22111—2008	推荐性/地理标志产品	以地理标志保护范围内的云南大叶种晒青茶为原料，并在地理标志保护范围内采用特定的加工工艺制成，具有独特品质特征的茶叶。分为普洱茶（生茶）和普洱茶（熟茶）两种类型	品质（基本要求、感官品质）、理化指标、安全性指标、净含量	普洱茶（生茶） 普洱茶（熟茶）

三、普洱茶的定义及产品类型

（一）普洱茶的定义

根据GB/T 22111—2008《地理标志产品 普洱茶》，普洱茶的定义是指以地理标志保护范围内的云南大叶种晒青茶为原料，并在地理标志保护范围内采用特定的加工工艺制成，具有独特品质特征的茶叶。按其加工工艺及品质特征，普洱茶分为普洱茶（生茶）和普洱茶（熟茶）两种类型。

地域、品种和工艺是决定一款茶究竟是不是普洱茶的三个要素

地域　　品种　　工艺

1. 地域：地理标志保护范围内云南省11个州、市，75个县、市、区，639个乡、镇、街道办事处。

2. 品种：云南大叶种茶是指分布于云南省茶区的各种乔木型、小乔木型大叶种茶树品种的总称。云南大叶种茶是中国最优良的茶树品种之一，品质好、产量高、芽叶肥壮、发芽早、白毫多、育芽力强、生长期长、叶质柔软、持嫩性强，鲜叶中水浸出物、多酚类、儿茶素总量的含量均高于国内其他优良品种。

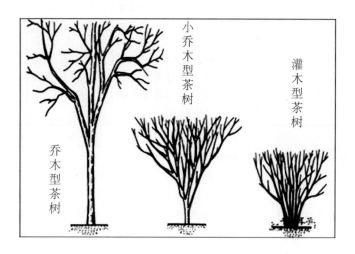

3. 工艺：

（1）晒青茶（原料）：鲜叶摊放→杀青→揉捻→解块→日光干燥→包装。

（2）普洱茶（生茶）：晒青茶精制→蒸压成型→干燥→包装。

（3）普洱茶（熟茶）散茶：晒青茶后发酵→干燥→精制→包装。

（4）普洱茶（熟茶）紧压茶：

①普洱茶（熟茶）散茶→蒸压成型→干燥→包装。

②晒青茶精制→蒸压成型→干燥→后发酵→普洱茶（熟茶）紧压茶→包装。

后发酵是指云南大叶种晒青茶或普洱茶（生茶）在特定的环境条件下，经微生物、酶、湿热、氧化等综合作用，其内含物质发生一系列转化，而形成普洱茶（熟茶）独有品质特征的过程。后发酵是普洱茶（熟茶）特有的工艺。后发酵有两个含义：一是云南大叶种晒青茶经人工渥堆发酵形成普茶洱（熟茶）的过程；二是普洱茶（生茶）在特定存放条件下，经自然发酵逐渐熟化形成普洱茶（熟茶）的过程。

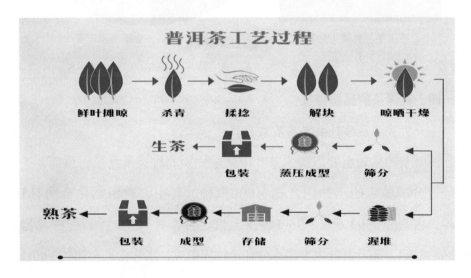

（二）普洱茶产品类型

根据GB/T 22111—2008，普洱茶按加工工艺及品质特征分为普洱茶（生茶）、普洱茶（熟茶）两种类型；按外观形态分为普洱茶（熟茶）散茶、普洱茶（生茶、熟茶）紧压茶两类。普洱茶（熟茶）散茶按品质特征分为特级、一级~十级共11个等级。普洱茶（生茶、熟茶）紧压茶外形有圆饼形、碗臼形、方形、柱形等多种形状和规格。

熟茶　　　　　　　生茶

普洱茶（熟茶）散茶

普洱茶（熟茶、生茶）紧压茶

四、普洱茶的品质特征

（一）普洱茶原料主要品质成分

普洱茶的品质主要取决于茶叶中化学物质的种类及含量。目前，茶叶中经过分离鉴定的已知化合物有600余种。其中，有机物化合物有500余种，占总量的93.0%～96.5%；无机化合物有100余种，约占总量的3.5%～7.0%。茶叶鲜叶主要由水分和干物质组成，水分含量在70%～80%，干物质含量在20%～30%。干物质主要有茶多酚、茶色素、茶多糖、茶皂素、蛋白质与氨基酸、生物碱、矿物质、芳香类物质等。

1. 茶多酚类包括儿茶素类、黄酮类、黄酮醇类、酚酸类、花色甙类、羟基-4-黄烷醇类等40余类物质，其含量占干物质总量的15%以上，高的可超过40%，大叶种高于中小叶种。

2. 茶色素类包括叶绿素、茶黄素、茶红素、β-胡萝卜素等，占干物质总量的15.36%～33.42%。

3. 茶多糖是一类组成复杂且变化较大的混合物，是一种酸性蛋白，结合有大量矿质元素。其含量占干物质总量的2.34%～5.13%。

4. 茶皂素为五环三萜类化合物的衍生物，其含量只占干物质总量的0.07%左右。

5. 蛋白质与氨基酸。蛋白质为一类高分子量的含氮有机物，占茶叶干物质总量的20%～30%，但是只有10%左右可溶于热水。在茶叶中，构成蛋白质的氨基酸共有30余种，大多数为人体所必需，其中有8种是人体自身不能合成的。茶叶中的氨基酸含量为干物质总量的2%～5%，其中茶氨酸约占氨基酸总量的50%，精氨酸约占13%，天冬氨酸约占9%，谷氨酸约占8.7%，其余的约占13%。

6. 生物碱为一种嘌呤类化合物。茶叶中的生物碱包括咖啡碱、可可碱、茶碱等，占干物质总量的3%～5%，其中咖啡碱占2%～4%，可可碱与茶碱占1%。

7. 矿物质。茶叶中的矿质元素相当丰富，磷、钾含量最高，钙、镁、铁、锰、铝次之，铜、锌、钠、硫、硒、氟含量较低。茶叶中含有人体必需的24种矿质元素。

茶叶的化学成分是茶叶品质的基础。就色、香、味而言，茶叶化学物质的氧化、聚合代谢产物含量是决定因素。茶叶茶汤的滋味受化学成分的影响，如绿茶滋味的青涩和收敛性是茶叶中多酚类物质的属性，鲜爽是氨基酸的属性，甘甜是糖类的属性，咖啡碱具有苦味属性，水溶性果胶具有黏稠度属性，这些成分配比协调就会形成浓烈、鲜甜、爽口的滋味。普洱茶的品质特征，首先取决于云南大叶种鲜叶固有的成分，其次取决于加工工艺的特殊性、科学性，以及贮藏环境和时间。因此，晒青原料对于普洱茶的品质形成有决定性作用。普洱茶晒青原料中有大量的酚类物质，与鲜叶相比其种类没有太大变化，但多酚氧化物如茶红素则明显增加，这说明在鲜叶的加工过程中，部分多酚类物质发生了氧化，其产生的茶红素为普洱茶品质成分茶褐素的形成提供了良好基础。原料晒青茶品质成分的含量详见表2。

茶叶香气是由茶叶中的芳香物质决定的。芳香物质有各种类型，起决定作用的成分各不相同。普洱茶原料采用日晒的方式干燥，茶叶中的甘油酯、糖脂、磷脂等物质在光照、氧气存在的条件下氧化分解，产生有陈味的醛、酮、醇等挥发性成分，如1-戊烯-3-醇、（E,E)-2,4-庚二烯醛、丙醛、辛二烯酮、顺-2-1-戊烯-醇、庚二烯酮等。1-戊烯-3-醇的大量形成，以及在晒青原料中检测到较多含有甲基的物质，说明晒干对香气物质的形成有一定促进作用，为普洱茶风味形成提供了物质基础。

（二）普洱茶（生茶）品质特征

普洱茶（生茶）感官品质特征：外形色泽墨绿，香气清纯持久，滋味浓厚回甘，汤色绿黄明亮，叶底肥厚黄绿。普洱茶（生茶）由于没有经过长达40～70天的后发酵（渥堆）工艺过程，其内含成分变化与原料晒青茶相比较小。但由于经过热蒸汽的湿热作用，普洱茶（生茶）产生了许多具有氧化性的醌类物质。醌类物质极不稳定，容易进一步氧化为其他物质如茶黄素、茶红素等而形成茶褐素类物质，从而使普洱茶（生茶）颜色加

普洱生茶茶汤

深。这与普洱茶（熟茶）在发酵过程中醌类物质的变化是一致的。普洱茶（生茶）在加工过程中虽然经历了蒸压湿热作用，但由于时间较短，茶叶表面的微生物无法被杀灭，在贮藏过程中残存的微生物会繁殖，这一过程就是自然后发酵（冷发酵）。普洱茶（生茶）品质成分的含量详见表2。

由于缺少渥堆过程，刚生产出的普洱茶（生茶）的芳香物质组成比较接近晒青绿茶。但普洱茶（生茶）与晒青绿茶相比，经过高温蒸压、成型、烘干等工艺，香气成分也发生了一定变化。目前，普洱茶（生茶）中共鉴定出挥发性芳香化合物90多种，主要包括芳香族醇类（苯甲醇、苯乙醇等）、萜类（芳樟醇、芳樟醇氧化物、α-松油醇、橙花醇、香叶醇）、醛类〔正己醛、糠醛、青叶醛、（E,E)-2,4-庚二烯醛、苯甲醛、苯乙醛等〕、酮类（α-紫罗兰酮、β-紫罗兰酮、香叶基丙酮）等。芳香族醇类的苯甲醇具有蜜甜、花样柔和的香气；苯乙醇具有特殊花样玫瑰香气。萜类化合物的芳樟醇具有百合花或玉兰花香气，是普洱茶生茶中含量最高的香气物质；香叶醇具有玫瑰香气，是普洱茶生茶中含量较高的香气物质之一；橙花醇具有柔和的玫瑰香气；α-松油醇具有紫丁香的芳香味，似松针香气；芳樟醇氧化物具有强烈的木香、花香、萜香、清香，还带清凉气息。醛类中的低级醛类〔正己醛、糠醛、青叶醛、（E,E)-2,4-庚二烯醛〕有强烈刺鼻的气味，随着分子量增加，其刺激程度减弱，逐渐呈现愉快香气，其中以正己醛、青叶醛含量较多，它们是构成茶叶清香的成分之一。正己醛具有强烈的清香、木香、草香及蔬菜、水果香气；青叶醛具有清香、辛香，以及苹果、脂肪、青草、醛香香气。苯甲醛具有苦杏仁香气；苯乙醛具有浓郁的玉簪花香气。酮类中的α-紫罗兰酮、β-紫罗兰酮具有紫罗兰香气；香叶基丙酮具有清甜香、微玫瑰香。

（三）普洱茶（熟茶）品质特征

普洱茶（熟茶）感官品质特征：外形色泽红褐，内质汤色红浓明亮，香气为独特陈香，滋味醇厚回甘，叶底红褐。该品质特征的形成离不开后发酵加工工艺（渥堆），但决定其品质特征的还是该工艺过程中形成的化学物质。

多酚类物质在普洱茶（熟茶）加工过程中发生了剧烈的变化，茶黄素和茶红素被氧化，发生聚合，形成茶褐素，茶叶中茶褐素含量成倍增加。正是由于茶多酚、儿茶素、黄酮、茶黄素和茶红素的减少及茶褐素的增加，才导致普洱茶的滋味越来越醇厚，汤色越来越红浓明亮。因此，普洱茶（熟茶）的品质与多酚类物质在加工过程中的转化密切相关。普洱茶（熟茶）品质成分的含量详见表2。

普洱茶（熟茶）的香气特点是陈香显著，有的似桂圆香、枣香、荷香等，是令人愉快的香气。通常我们所说的普洱茶（熟茶）香气的最高境界是"陈韵"。目前，普洱茶（熟茶）中共鉴定出挥发性化合物180多种，主要包括醇、醛、酮、酸、酯、内酯、酚、杂环类、杂氧化合物、含氧化合物、含氮化合物、含硫化合物等共十余大类。芳香族醇类的苯甲醇具有微弱蜜甜香气；苯乙醇具有花样玫瑰香气。萜类化合物的芳樟醇具有百合花或玉兰花香气；芳樟醇氧化物具强烈的木香、花香、萜香、清香，还带清凉气息；香叶醇具有玫瑰香气，并能增加甜香；橙花醇具有柔和的玫瑰香气；α-松油醇具有紫丁香芳香味，似松针香气。醛类中的苯甲醛具有苦杏仁香气；苯乙醛具有玉簪花香气。酮类中的α-紫罗兰酮、β-紫罗兰酮具有紫罗兰香气；香叶基丙酮具有清甜香、微玫瑰香。内酯类的二氢猕猴桃内酯具有甜桃香。具有陈香风格的芳香类化合物有1,2-二甲氧基苯、1,2,3-三甲氧基苯等。

表2　原料晒青茶、普洱茶（生茶）、普洱茶（熟茶）

品质成分的含量变化

品质指标	晒青茶	普洱茶（生茶）	普洱茶（熟茶）
水分（%）	8.55±1.04	8.07±1.43	10.69±1.41
灰分（%）	4.99±0.37	5.93±1.32	6.50±0.52
水浸出物（%）	40.11±4.61	42.13±2.65	32.00±4.26
茶多酚（%）	29.89±5.26	26.98±3.05	13.04±2.805
总儿茶素（%）	9.30±3.84	7.92±1.24	2.04±0.769
游离氨基酸（%）	2.81±0.82	2.08±0.261	1.34±0.54
总糖（%）	9.54±1.06	——	9.60±1.26
黄酮类（%）	1.58±0.41	1.54±0.48	2.55±1.10
茶黄素（%）	0.168±0.045	0.19±0.0008	0.21±0.069
茶红素（%）	8.02±1.986	7.17±2.47	2.57±1.20
茶褐素（%）	2.29±0.849	5.34±3.18	9.89±1.338

参考文献：

[1]GB/T 22111—2008《地理标志产品 普洱茶》。

[2]尹祎：《中国茶叶标准化工作概述》，普洱茶网，2019年。

[3]施海根：《中国名茶图谱》，上海文化出版社2007年版。

[4]龚家顺、周红杰：《云南普洱茶化学》，云南科技出版社2011年版。

闻香识茶

文/方可

世界红茶产区地图

红茶的品质，因产地不同会有不同的特性与风味，世界主要红茶产区主要包括：

东非红茶区

东非的气候、环境得天独厚，十分适合茶树的栽培，这也是东非会成为20世纪新兴的产茶地区的原因。目前东非茶产量为世界第三位，其中又以肯尼亚的茶叶最为著名。

中国红茶区

中国至今仍是世界红茶主要产地之一，其中又以汤色红艳透亮、略带兰花味的祁门红茶和金毫显露、具有焦糖香的滇红工夫茶最负盛名。

印度红茶区

印度目前为红茶的首要产出地，大吉岭茶便出自此地的喜马拉雅山麓，一年只有4~9个月有收成。

斯里兰卡红茶区

锡兰红茶，在红茶的品级中属于上乘，色、香、味优良且品质均一。

印度尼西亚红茶区

印度尼西亚栽培茶树的历史相当久远，以爪哇岛及苏门答腊为中心，所产的红茶有一种特别"清柔"的香味。

中国代表性红茶的品质特征

祁门红茶

祁门红茶自1875年问世以来，便为我国传统的出口珍品，久已享誉国际市场。其外形条索紧细秀长，金黄芽毫显露，锋苗秀丽，色泽乌润；汤色红艳明亮，叶底鲜红明亮；香气芬芳，馥郁持久，似苹果与兰花香味。在国际市场上被誉为"祁门香"。该茶在国际市场上与印度大吉岭、斯里兰卡乌伐红茶齐名，并称为世界三大高香名茶。

正山小种

正山小种这种烟熏小种茶是福建省特产。该茶由青叶经萎凋、揉捻、发酵后，再用带有松柴余烟的炭火烘干而成。正山小种红茶条索肥壮，

方可老师对红茶工艺进行指导

紧结圆直，色泽乌润，冲水后汤色红艳，经久耐泡，滋味醇厚，似桂圆汤味，气味芬芳浓烈，以醇馥的松柏烟香和桂圆汤为其主要品质特色。

滇红工夫茶

云南省西南部澜沧江和怒江两大水系之间群山叠嶂，峰峦环峙，气候温和，年温差小，日温差大，雨量充沛，每到雨季，晴雨无定，云雾朦胧，土质深厚湿润而肥沃，为"云南红茶"的优异品质提供了得天独厚的自然环境。滇红工夫茶，属大叶种类型的工夫茶，主要产于云南的临沧、版纳、普洱、保山、德宏等地，是我国工夫红茶的后起之秀。滇红工夫茶条索紧结雄壮、重实，色泽乌红而光润，金毫显露，汤色红浓艳明（上好红茶汤色红艳明亮，带有金圈），滋味浓强而醇爽，有收敛性，香气浓强，略带焦糖香或甜香，叶底红艳有光泽（橘红）。滇红工夫茶在国内独具一格，系举世闻名的工夫红茶，正所谓"云南工夫茶，色艳味佳，做工极精巧，声誉遍天涯"。

方可老师对红茶进行审评

CTC红碎茶

CTC红碎茶外形颗粒重实匀齐，色泽乌润或泛棕，内质香气馥郁，汤色红艳，滋味浓强鲜爽，叶底红匀；采用云南大叶种鲜叶为原料加工的CTC红碎茶品质更加优异，可以与印度、斯里兰卡的CTC红碎茶相媲美，有"云南红碎茶，品质耀中华，若与印斯比，无愧锦上花"的说法。

九曲红梅

九曲红梅简称"九曲红"，是西湖区另一大传统拳头产品，乃红茶中的珍品。九曲红梅茶产于西湖区周浦乡的湖埠、上堡、大岭、张余、冯家、灵山、社井、仁桥、上阳、下阳一带，尤以湖埠大坞山所产品质最佳。品质特点：外形条索细若发丝，弯曲细紧如银钩，抓起来互相勾挂呈环状，披满金色的绒毛；色泽乌润，滋味浓郁，香气芬馥，汤色鲜亮，叶底红艳成朵。

英德红茶

英德红茶产于广东省英德市，属小叶型红茶。其茶色乌黑雪亮，身披金毫，冲泡后汤色格外鲜红，味醇清爽，回味无穷。广东省英德市的英山区，早在19世纪前半叶就已是红茶的产地。

宁红工夫茶

宁红工夫茶产于江西武宁一带，是我国最早的工夫红茶之一。其在清明前后采摘，标准为一芽一叶。该茶外形条索紧结圆直，色乌略红，光润；内质香高持久似祁红，滋味醇厚甜和，汤色红亮。"宁红金毫"为宁红工夫茶之最。

湖红工夫茶

湖红工夫茶外形条索紧结肥壮，香气高长，滋味醇厚，汤色较浓。该茶产于湖南安化、新化、桃源等地，其中以安化工夫茶为佳品。

越红工夫茶

越红工夫茶条索紧细直挺，色泽乌润，外形优美，内质香气高纯，汤色浅红，叶底稍暗。冲泡后，香气纯正，滋味浓醇，汤色红亮，叶底稍暗。

依恋红茶：红茶对人体的保健功效

我们都知道六大基本茶类是因加工方式不同而形成的，由于加工方式的不同，六大茶类的品质风格不同、内含成分也不同，因此，其保健功效也不一样。下面我们来看看作为世界第一大茶类的红茶，其对人体有些什么好处呢？

（1）饮用红茶可降胆固醇。美国波士顿大学的研究人员发现，红茶有改善血液循环的效果，相当于降胆固醇药物、运动以及维生素C，其主要原因是红茶中所含的茶多酚是一种抗氧化剂，可减少血液中低密度脂肪蛋白，即所谓的"坏胆固醇"。

（2）饮用红茶可预防心肌梗死。日本科学家的研究表明，饮用红茶1小时，心脏血流速度有所改善，可预防心肌梗死。红茶中富含微量元素钾，茶叶冲泡后70%的钾可溶于水，有增强心脏血液循环的作用，并能减少钙在人体内的消耗。

（3）红茶可提高人体免疫能力。研究表明，饮用红茶可以修复和预防细胞损伤，清除人体内过量的自由基，提高人体免疫力，预防多种疾病发生。红茶中主要的抗氧化活性成分为茶黄素、茶红素和茶褐素，它们主要通过直接清除氧自由基、阻断脂质过氧化、络合金属离子、抑制氧化酶的活性、激活抗氧化酶活性等多种途径来实现清除自由基、抗氧化、提高人体免疫力的作用。

（4）茶黄素可抗菌消毒。日本环境卫生科学研究所的科学家曾在2016年宣布，他们成功证实红茶中的茶黄素具有抗病毒的作用。茶黄素不仅能够对诺如病毒等人类杯状病毒起到杀灭作用，还有望被应用在食物中毒的预防领域。近些年，我国科学家的研究发现，茶黄素还具有降血脂、血糖、尿酸的功效。因此，一些有高血脂、高血糖和痛风的茶友也可以多喝一些红茶。茶黄素作为茶叶发酵过程中形成的一类天然茶色素，堪称茶中的"软黄金"。

（5）红茶可驱寒滋养。红茶中含有丰富的蛋白质和糖类，甘润温和。冬去春来之际，天气变化多端，环境处于低湿状态，人体长期处于这样的环境当中，难免会遭受湿寒入侵。甘温的红茶刚好可以滋养人体的阳气，能够增强人体的御寒能力，生热暖胃作用颇佳。如果再添加一些蜂蜜、生

方可老师讲解红茶工艺

姜、牛奶等则驱寒效果更好，还能补充人体所需的营养元素，强身健体。

（6）强壮骨骼。2002年5月13日美国医师协会发表一项对男性497人、女性540人10年以上的调查报告，指出饮用红茶的人骨骼强壮，红茶中的多酚类（绿茶中也有）能抑制破坏骨细胞物质的活力。为了防治女性常见的骨质疏松症，建议她们每天服用一小杯红茶，坚持数年效果明显。如在红茶中加上柠檬，其强壮骨骼的效果更好。红茶中也可加上各种水果，这样能起协同作用。

（7）养胃护胃。人在没吃饭的时候饮用绿茶会感到胃部不舒服，这是因为茶叶中所含的重要物质——茶多酚具有收敛性，对胃有一定的刺激作用，在空腹的情况下刺激性更强。而红茶就不一样了，它是经过发酵烘制而成的，其不仅不会伤胃，反而能够养胃。经常饮用加糖、加牛奶的红茶，能消炎、保护胃黏膜，对治疗溃疡也有一定效果。

（8）饮用红茶能在一定程度降低流感、脑中风及癌症发生的可能性。

（9）饮用红茶可以自然舒适地减肥。

调饮红茶的保健功效

（1）果味红茶：能提供大量维生素，对美容有好处。

（2）蜂蜜红茶：能提供多种维生素、矿物质，有润燥、解毒、益气养颜的功效。

（3）香草类红茶：香草是有芳香的药用植物，香草类红茶有安神、利尿、开胃、发汗、杀菌、美容、止咳等功效。

（4）奶茶：有茶的功效和奶的营养价值。

（5）酒茶（红茶与威士忌、白兰地、杜松子酒、烧酒兑饮）：有抵御寒冷、防治感冒、增强体质的功效。

红茶被认为是热性的，肠胃较弱的人可以选用红茶，特别是小叶种红茶，其滋味甜醇，无刺激性。如果选择大叶种红茶，茶味较浓，可在茶汤中加入牛奶和红糖，有暖胃和增加能量的作用。在寒冷的冬季，饮一杯香甜红艳的红茶，会感觉整个房间仿佛都沐上一层暖融融的光，即使外面是冰天雪地，屋里也犹如阳光灿烂。

值得茶友们注意的是，虽然我们在这里说到了红茶的许多功效，但茶毕竟是饮料不是药，不能当药喝，更不能替代药物来使用。同时，要想发挥茶对人体的功效，我们还应把握几个原则：首先，我们必须长期坚持饮茶。其次，我们每天饮茶的数量要有一定的保证，这就是所谓的量变达到一定程度会质变。再者，我们要选择符合国家食品安全要求的、健康且好喝的茶产品。最后，就是一定要科学饮茶！

"饮茶一分钟能够解渴，一个小时令人放松，一个月使人健康，一生令人长寿。"茶为万病之药，勿忘长期饮茶健身！

品饮红茶

在六大茶类中可以说红茶的饮用方式是最为丰富的，因此，我们也说红茶是最"好玩"的茶类。

红茶的品饮因人因事因茶而异，主要可分为四类品饮方式：

（1）按花色品种可分为工夫饮法和快速饮法。工夫饮法是中国传统的品饮红茶的方法，该法主要用于小种红茶、工夫红茶。品饮工夫红茶重在领略它的清香（香气）、醇原滋味和喜庆美丽的汤色，所以多为泡饮。将3～5克红茶放入器皿中，冲入沸水，几分钟后出汤，然后先闻其香，再观

其色，最后品其味。快速饮法主要用于红碎茶、袋泡茶和速溶茶等，其主要流行于西方国家。

（2）按是否调味可分为清饮法和调饮法。清饮法是国内大多数红茶销区的饮用方法，上面所说的工夫饮法即清饮法。调饮法即在红茶汤中加入糖、奶、柠檬片、果酱、咖啡、蜂蜜、玫瑰、菊花、薄荷等。欧美国家比较喜爱饮奶茶；中东人喜加柠檬、糖、奶，伊朗、伊拉克人餐餐不离红茶；埃及人喜欢在熬煮红碎茶后加柠檬、糖、奶饮用。英国人饮用调味红茶最为讲究：饮茶定时，早晨起床时饮茶一次，称"床茶"；上午饮一次，称"晨茶"；午后饮茶一次，称"午后茶"；晚餐后饮茶一次，称"晚茶"。其中以"午后茶"最为隆重，在英国无论是政府机关，还是私人企业均规定有饮茶时间，上午、下午各一次，称为"茶休"，届时由茶太太（Tea lady）推车打铃送茶。在美国流行冲泡甜味冷饮式红茶饮料，即将红茶汤冷却后再加入冰块、糖、奶、柠檬片或蜂蜜、甜果酒调饮。

（3）按茶具不同可分为杯饮法和壶饮法。小种红茶、工夫红茶、袋泡茶和速溶茶一般采用杯饮，红碎茶、红片茶一般采用壶饮。

（4）按茶汤浸出法的不同可分为冲泡法和煮饮法。冲泡法，顾名思义，即用沸水冲泡饮用。煮饮法多见于少数民族地区，即茶叶经壶煮加糖、奶后与大家一同享用。

在众多的饮用方式中，红茶更加适宜调饮。在世界上，调饮法是饮用红茶最常用的方法，比如说奶茶就是最为常见的一种红茶调饮。欧美国家一般采用调饮法，人们普遍爱饮牛奶红茶，通常的饮法是将茶叶放入壶中，用沸水冲泡，浸泡5分钟后再把茶汤倾入茶杯中，加入适量的糖和牛奶或奶酪，就成为一杯芳香可口的牛奶红茶。俄罗斯人特别爱饮柠檬红茶和糖茶。俄罗斯民族有吃糖的嗜好，饮茶时常把茶烧得滚烫，加上很多的糖、蜂蜜和柠檬片。

红茶＝1＋2＋3＋4＋n很简单

"一道业内推崇的红茶，东西方两大饮红茶之派系，三种红茶的分类，四款世界著名红茶，n种红茶的饮法"，解读了如今流行的红茶。

1 道好茶

产于云南的滇红工夫茶，属大叶种类型的工夫红茶，是我国工夫红茶的奇葩。其以外形肥硕紧实、金毫显露和香高味浓的品质独树一帜称著于世。多年来，滇红工夫茶一直被国家用作外事礼茶奉送外宾。1986年，云南省曾将凤庆"滇红"茶作为礼品赠送来访的英国女王伊丽莎白二世，并受到女王陛下的钟爱。

2 大派系

可以说，红茶起源于中国，发扬于英国，这两大派系也由此形成。中国人喜饮单品，西方人则好加入奶及糖，做早餐茶或下午茶。中国人饮用红茶应该是从明朝开始的，最先出现的是福建小种红茶，中国人通过手工对茶叶进行全发酵的加工制成红茶，其基本工艺过程包括萎凋、揉捻、发酵、干燥等。17世纪初，荷兰人开始将中国茶输往欧洲，也由此给了英国为提升红茶质与量做出贡献的机会。也是从那时开始，西方习惯了往红茶中加入牛奶和砂糖的饮法。

3 种分类

红茶的种类较多，产地较广，按照其加工的方法与出品茶形的不同，主要可以分为三大类：工夫红茶、小种红茶和红碎茶。

工夫红茶是中国特有的红茶，比如祁门工夫、滇红工夫等。其"工夫"两字有双重含义，一是指加工的时候较别种红茶下的工夫更多，二是冲泡饮用的时候要用充裕的时间慢慢品味。

小种红茶是福建省的特产，有正山小种和外山小种之分。正山小种产于1000米以上的高山，如今那里已经实行了原产地保护。正山小种又可分为东方口味和欧洲口味，东方口味讲究的是"松烟香，桂圆汤"，欧洲口味的松香味则更浓郁，比较适合配熏鱼和熏肉。

红碎茶是国际茶叶市场的大宗产品，将红碎茶用机器加工，即成国际CTC红茶，这种茶最适合做调味茶、冰红茶和奶茶。

4 款名茶

（1）祁门红茶。简称祁红，产于中国安徽省西南部。经过严格的加工，祁红茶形紧细匀整，锋苗秀丽，色泽乌润；内质清芳并带有蜜糖香

方可老师在阿颇谷茶厂

味，上品茶更具有兰花香，号称祁门香，馥郁持久；汤色红艳明亮，滋味甘鲜醇厚。

（2）阿萨姆红茶。阿萨姆红茶产于印度东北阿萨姆。其叶外形细扁，色呈深褐；汤色深红稍褐，带有淡淡的麦芽香，滋味浓，属烈茶，最适合冬季饮用。适合冲泡为奶茶，但不宜冲泡冰红茶，因为容易出现"冷后浑"。

（3）大吉岭红茶。大吉岭红茶产于印度西孟加拉邦。该地常年弥漫的云雾，是孕育此茶独特芳香的一大因素，因此大吉岭红茶有"红茶中的香槟"之称。其汤色橙黄，气味芬芳高雅，尤其是上品带有葡萄香，口感细致柔和。此茶适合清饮，但要久焖才能使茶叶尽舒，而得其味。

（4）锡兰高地红茶。锡兰高地红茶以乌沃茶最著名，产于山岳地带的东侧。锡兰的高地茶通常制为碎形茶，上品的汤面环有金黄色的光圈；其风味具刺激性，透出薄荷、铃兰的芳香，滋味醇厚，虽较苦涩，但回味甘甜。

n 多饮法

在众多的茶品中红茶的饮法最多，其融合了中西方的精髓。红茶的饮法，可以是传统的热红茶，可以是英式的奶茶，可以是意式的橘茶，也可以是综合水果茶或冰红茶。

端起那只红茶杯，红茶应该是最被"博爱"的了，中西方都有很多它的拥护者，但因为饮用的方式不同，所选用的茶具也有所区别。

中式红茶茶具以白瓷和紫砂为首选，以工夫饮法为主。中国人品饮工夫红茶重在领略它的清香和醇味，将红茶放入白瓷或紫砂茶壶中冲泡，再斟入小茶杯，先闻其香，再观其色，然后细细品啜。这种冲泡法选用的茶

具大小如孟臣壶和若琛杯。经过温壶、洗茶、冲泡、分杯之后，端起盛有七分茶汤的茶杯，闻香细品。

西式红茶茶具以瓷质和银质为首选，以花式饮法为主。

快速饮法主要针对红碎茶、袋泡红茶而言，并在其中加入牛奶或砂糖。西式红茶茶壶通常呈广腹的球形；红茶杯的外形则略呈扁浅，杯腹宽广，杯口圆而外扩，这样的造型便于充分散发红茶的优雅香气，并欣赏它红艳明亮的汤色。饮用时，左手拿茶托，右手端茶杯，牛奶和砂糖则可依个人口味加入。下一次喝红茶的时候，在品茶的同时，别忘了端起那只茶杯好好欣赏。

正确冲泡红茶的七大法则

1. 将新鲜的冷水注入煮水壶里煮沸。因为水龙头流出来的水含有较多的空气，可以将红茶的香气充分导引出来，而隔夜的水、二度煮沸的水或保温瓶内的热水，都不适合冲泡红茶。

2. 注入正滚沸的开水，以间歇的方式温壶及温杯，避免水温变化太大。一般茶壶的造型，都有一个矮胖的圆壶身，这是为了让茶叶在冲泡时有完全伸展及舞动的空间。

3. 谨慎斟酌茶叶量。冲泡红茶，每人用1茶匙的量（约2.5g的茶叶量），但是想要泡出好红茶，建议最好以2杯的红茶叶量（约5g）来冲泡成2杯，这样较能充分发挥红茶香醇的原味，也能享受到续杯的乐趣。

4. 将滚水注入壶里泡茶。水开始沸腾之后约30秒，气泡形成像一元硬币大小的圆形时冲泡红茶最适合。

5. 静心等候正确的冲泡时间。因为快速的冲泡是无法完全释放出茶叶的芳香的，一般专业的茶罐上都会标示出茶叶的浓度(Strength,

即强度)大小，这关乎到茶叶冲泡焖的时间。例如，浓度分为1～4级，1为最弱，4为最强，冲泡时间则是从2分钟到3分半钟，依次类推。

6. 将壶内冲泡好的茶汤倒入你喜爱的茶杯中。茶杯虽有各种不同的造型，但一般而言多是底较浅而杯口较宽，因为这样除可以充分让饮茶人享受到红茶的芳香外，还可以欣赏到它迷人的茶色。

7. 依个人口味加入适量的糖或牛奶。若是选择喝纯红茶，注重的是红茶的本色与原味。而奶茶用的茶叶一般而言都口味较重，并带有一些涩味，但是加入浓郁的牛奶之后，涩味会降低而且口感也变得更丰富一些。

几种红茶新饮法

冰红茶

配制方法是先将红茶泡制成浓度略高的茶汤，然后将冰块加入杯中达八成满，徐徐加入红茶汤，再视各人爱好加糖或蜂蜜等拌均匀，即调制出一杯色、香、味俱全的冰红茶。

茶　冻

配料为：白砂糖170克、果胶粉7克、冷水200毫升、茶汤824毫升（可用红茶或其他茶代替）。先用开水冲泡茶叶，然后过滤出茶汤备用。接着，把白砂糖和果胶粉混匀，加冷水拌和，再用文火加热，不断搅拌至沸腾。再把茶汤倒入果胶溶液中，混匀后倒入模型（用小碗或酒杯均可），冷却后放入冰箱中，随取随食。夏天，茶冻是能使人凉透心肺、暑气全消的清凉茶品。

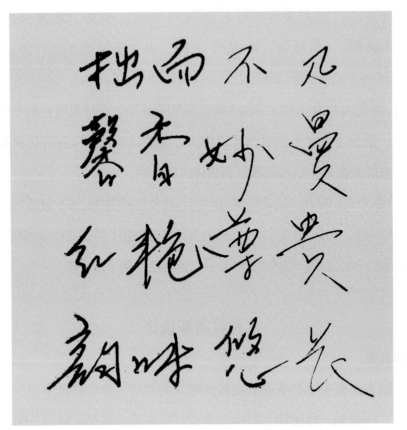

方可老师为红茶题字

拉 茶

使用的原料通常是红茶。做法是先将红茶泡好，滤出茶渣，然后将茶汤与炼乳混合，倒入带柄的不锈钢铁罐内，罐的容积为1000毫升左右；然后一手持另一空罐，一手持盛有茶汤的罐子，将茶汤以约1米的距离，倒入空罐。由于茶汤在倒入过程中，两手持罐距离由近到远，近似于拉的动作，故名"拉茶"。如此反复交替进行不少于7次，就可调制出一杯既有茶叶风味又有牛奶浓香的又香又滑的马来西亚拉茶了。

泡沫红茶

1. 泡取红茶汁。将红茶加入杯中，用开水冲泡，盖焖10分钟，过滤，制得红茶汁。

2. 调配、摇匀。取调酒器1个，将冰块加至八九分满，加入糖水，再倒入红茶汤，拧紧瓶盖，上下用力摇晃，利用冷热冲击下急速冷却的原理产生泡沫，摇至冰块融化即可倒出饮用。

3. 饮用。喝泡沫红茶，最好以杯就口喝，因为茶香都留在了泡沫上了。若用吸管，泡沫仍然留在杯中，可再放上冰块，加入果酱，重新注入红茶汤，依法炮制出带有果香的泡沫红茶，饮后更觉别有风味。

特点：调制过程别有情趣，风味别致，边调边饮用，乐在其中。

通俗音乐红茶饮品

《初吻》（李琛 演唱）

（1）用料：上好热红茶一壶，情人梅或相思梅适量，蜂蜜一汤匙，每杯樱桃两粒，玫瑰花一朵。

（2）制法：将相思梅或情人梅用冷水洗净后泡进滚烫的红茶中，待茶温自然降至40度以下后即可取用。每杯中放入适量蜂蜜和两粒大樱桃，然后冲入泡制过的红茶，杯边点缀一朵玫瑰花。

（3）风味：甜蜜蜜的且略带一点情人梅的酸味，杯中两粒红樱桃如两颗碰撞的心，品起来十分可口而温馨。

《心雨》（毛宁、杨钰莹 演唱）

（1）用料：上好红茶一壶，糖桂花（以丹桂为优）少许，冰糖适量，柠檬汁适量。

（2）制法：先将冰糖和柠檬汁放进玻璃杯中，然后冲入红茶，最后当着客人的面用银匙在杯中撒入糖桂花。

（3）风味：酸甜适中，桂花在玻璃杯中纷纷下沉，好像是一阵花雨，引人遐想。

《祝福》（张学友 演唱）

（1）用料：上好红茶一壶，每杯金橘5个，桂花少许，冰糖适量，时令鲜花一朵。

（2）制法：把金橘洗净切片，分别放进玻璃杯，加入冰糖、桂花，冲入热茶泡几分钟即可。

（3）风味：俗话说"桂花开放幸福来"，桂花象征幸福，金橘的"橘"与"吉"谐音，代表吉祥如意。桂花具有养颜、顺气的功效，金橘可止咳、解郁、化痰。这种茶男女老少皆宜。

《明月心》（叶倩文 演唱）

（1）用料：用情人梅泡红茶一壶，每杯红葡萄酒20毫升、观音醇5毫升、鲜草莓1粒、柠檬1片。

（2）制法：将情人梅（或酸梅、话梅）与红茶投入壶中用开水冲泡，放凉后备用。将红葡萄酒与观音醇倒入鸡尾酒杯调匀。再放入草莓，倒入调好的红茶汁，用柠檬片卡在杯口做装饰。

（3）风味：醇、香、酸、甜都有，柠檬片如圆月，鲜草莓在杯中晃动如一颗不平静的心。

红茶的选购技巧

辨别方法

按照品质优劣，将红茶分为优质茶、次品茶和劣质茶三种。凡品质特征符合食品质量和卫生标准要求，可视为优质茶；带有严重的烟焦味、酸馊味、陈味、霉味、日晒味及其他异味者，尤其是受到农药、化肥污染的，称之为劣质茶；污染较轻或经一定技术手段的处理品质得到改善，即为次品茶。因此，红茶爱好者就更应该了解和掌握红茶的辨别方法，需要借助手、眼、鼻、口等感官系统进行综合评判。

1. 手 抓

首先用手去触摸红茶条索的轻重、松紧和粗细。优质红茶的条索相对紧结，以重实者为佳，粗松、轻飘者为劣。用手触摸茶叶的最主要目的在于了解红茶干茶的干燥程度。随手拈取一根茶条，干茶通常有刺手感，易折断，以手指用力揉搓即成粉末。如果是受潮的茶叶则没有这个特征。但是，在触碰茶叶的时候不要大把抓，避免手上的汗水渗入茶叶中导致茶叶受潮。

2. 眼 观

随手抓取一把干茶放在白纸或白色瓷盘上，双手持盘按顺时针或逆时针方向转动，观察红茶干茶的外形是否均匀，色泽是否一致，有的还需要看是否带金毫。条索紧结完整干净，无碎茶或碎茶少，色泽乌黑油润（有的茶还会显现金毫）者为优；条索粗松，色泽欠油润，杂乱，碎茶、粉末茶多，甚至还带有茶籽、茶果、老枝、老叶、病虫叶、杂草、树枝、金属物、虫尸等夹杂物，此类茶为次品茶或劣质茶。此外，通过冲泡后看汤色和叶底也能进行辨别。优质红茶的汤色红艳，清澈明亮，叶底完整展开，色泽匀齐，叶质柔软有弹性；次品茶和劣质茶的茶汤则为红浓稍暗、浑浊的色泽，有陈霉味的劣质茶则表现出叶底不展、色泽枯暗、花杂的特征。

3. 鼻 嗅

即利用人的嗅觉来辨别红茶是否带有青气、烟焦味、酸馊味、陈味、霉味、日晒味及其他异味。优质红茶的干茶香气高扬纯正，冲泡后会有红茶特有的甜醇的愉悦香气，次品茶和劣质茶则香气不明显或夹杂异味。事实上，在红茶加工的过程中，如果加工条件(如温度、湿度等)和加工技术(如萎凋、揉捻、发酵等)控制不当，或者红茶成品储藏不当，就会产生一些不利于品质的气味。然而，有些令人不愉快的气味含量较少，嗅干茶时不容易被发觉，此时就要通过冲泡来辨别，发现含有青气、酸馊味、陈味、霉味的茶，若气味不是太浓重，可以尝试通过复火烘焙处理来改善品质。

4. 口 尝

当干茶的外形、干燥度、色泽、香气等都符合选购标准后，可以取若干茶放入口中咀嚼辨别，根据滋味进一步了解品质的优劣。此外，还可以通过开汤来进行品评。优质红茶的滋味主要以甜醇为主，小种红茶具有醇厚回甘的滋味，工夫红茶以鲜、浓、醇、爽为主。这些特征在次品茶身上则不明显，而劣质茶的滋味则青涩和薄淡，甚至有异味。

注意事项

1. 挑选品牌。消费者在市面上买到的产地茶，大多数是厂商已经调配过口味的，而非纯种茶，因此选择品牌很重要。

2. 有效期限。购买红茶时更需注意制造日期和有效期限，以免买到过期的红茶。

3. 选择包装方式。我们看到的包装形式大都为茶包或铁罐装茶叶。如果你要喝产地茶或特色茶，最好买罐装红茶。

4. 了解产区。不管是锡兰红茶、肯尼亚红茶，都是产地统称，不同茶区生产的茶叶及调制方法不同，口味也不同。在选择不同产地的红茶时，大家可以对照前面已介绍过的不同产地红茶的基本品质特色进行选择。同时，还应注意，并不一定价格贵的就是好茶。大家一定要记住"世上无好茶，适口为珍"的基本选择原则。我相信你一定能找到一款适合你的好茶。

保存方法

茶叶应避潮湿高温，不可与清洁剂、香料、香皂等共同保存，以保持茶叶的纯净。最好放在茶叶罐里，移至阴暗、干爽的地方保存，开封后的茶叶最好尽快喝完，不然其味道和香味会流失殆尽。不同的茶叶不宜混合饮用，以免不能欣赏到该种茶的原味。

1. 铁罐储藏法。选用市场上供应的马口铁双盖彩色茶罐作盛器。储存前，检查罐身与罐盖是否密闭，不能漏气。储存时，将干燥的茶叶装罐，罐要装实装严。这种方法，采用方便，但不宜长期储存。

2. 热水瓶储藏法。选用保暖性良好的热水瓶作盛具。将干燥的茶叶装入瓶内，装实装足，尽量减少瓶内空气存留量，瓶口用软木塞盖紧，塞缘涂白蜡封口，再裹以胶布。由于瓶内空气少，温度稳定，这种方法保存效果也比较好，且简便易行。

3. 陶瓷坛储藏法。选用干燥无异味、密闭的陶瓷坛一个，用牛皮纸把茶叶包好，分置于坛的四周，中间嵌放石灰袋一只，上面再放茶叶包，装满坛后，用棉花包盖紧。石灰隔1~2个月更换一次。这种方法是利用生石灰的吸湿性能，使茶叶不受潮，效果较好，能在较长时间内保持茶叶品质，特别是龙井、旗枪、大方等一些名贵茶叶，采用此法尤为适宜。

4. 包装袋储藏法。先用洁净无异味的白纸包好茶叶，再包上一张牛皮纸，然后装入一只无孔隙的塑料食品袋内，轻轻挤压，将袋内空气排出，

随即用细软绳子扎紧袋口，再取一只塑料食品袋，反套在第一只袋外面，同样轻轻挤压，将袋内空气排出再用绳子扎紧袋口；最后把它放入干燥、无味、密闭的铁筒内。

5. 低温储藏法。方法同食品袋储藏法，只是将扎紧袋口的茶叶放在冰箱内。冰箱内温度控制在5摄氏度以下，可储存一年以上。此法特别适宜储藏名茶及茉莉花茶，但需防止茶叶受潮。

6. 木炭密封储藏法。此法是利用木炭极能吸潮的特性来储藏茶叶。先将木炭烧燃，随即用火盆或铁锅覆盖，使其熄灭，待晾凉后用干净布将木炭包裹起来，放于盛茶叶的瓦缸中间。缸内木炭要根据复潮情况及时更换。

需要特别说明的是：此次与大家分享红茶的相关知识时，参考了云南农业大学普洱茶学院原院长、国家茶产业岗位专家邵宛芳教授的《云南茶叶评鉴及冲泡》一书，在此深表感谢！

普洱茶文化课程
在基础教育改革中的意义

文/李学文

　　基础教育改革是新时代国家教育综合改革的重要组成部分，课程改革又是基础教育改革的核心突破口，部编教材的广泛使用为课程改革提供了物质条件。然而，仅从教育内部而言，课程改革就涉及学校办学理念、教师教学观念、家长和学生方方面面的因素，可谓任务艰巨而复杂。随着中共中央办公厅、国务院办公厅出台《深化新时代教育评价改革总体方案》以及《关于全面加强和改进新时代学校美育、体育工作的意见》，基础教育改革真正进入了"深水期"的攻坚阶段，课程改革牵动的综合配套改革

云大附中普洱茶文化课

2016年第九届"汉语桥"世界中学生观摩团
体验中国传统文化茶道、花道、香道

2016年第九届"汉语桥"世界中学生观摩团体验中国传统文化茶道、花道、香道

整体推进，速度加快，难度加大而又势不可当。从中小学学校层面审视教育改革，校本课程改革既是推动课程改革有力的特色抓手，又是推进学校在教育改革中抓住机遇、彰显特色、提高办学治校水平的关键举措。

本文站在新时代基础教育改革的高度，全面透视和分析校本课程改革的方向、特点和作用，以云大附中创新普洱茶文化校本课程的实践为例，探讨校本课程服务和推动课程改革的路径、方法和功能。

一、开设普洱茶文化校本课程的云南背景和时代导向

2015年1月，习近平总书记考察云南时提出：把云南建设成为我国民族团结示范区、生态文明建设排头兵、面向南亚东南亚辐射中心。2020年1月，习近平总书记再次考察云南，站在新时代的高度，又围绕以上三大定位以及云南如何加速高质量发展发表了重要讲话，丰富了三大定位的发展内涵，进一步明确了云南发展的现时导向和深远的目标定位。

云南基础教育改革在顺应国家改革大势的同时，如何学习贯彻和落实习近平总书记考察云南重要讲话精神，已成为一个极端重要的课题。三大定位是推动云南高质量发展的宏观战略，要真正得到落实和推进，并且产生实效，为云南每一个阶段的发展打下基础，云南基础教育改革责无旁贷，必须主动融入综合改革过程当中。在具体推进课程改革的过程中，立足云南实际，学校校本课程的改革创新显得尤为重要。作为云南基础教育的第一品牌——云大附中主动站到了云南基础教育课程改革的前列，学校全面论证和分析了课程改革的本质规律和时代要求，以推进普洱茶文化校本课程为突破口，全面展示课程改革服务云南经济社会发展的路径、方法和特色。

二、民族团结进步教育视域下的茶文化课程新探索

当众多中小学校还在常规式地开设茶艺课时，云大附中立足校情，运用创新思维，从民族团结教育的重要视角，全面梳理云南少数民族茶文化历史，构建茶文化校本课程体系的核心要素，结合云南少数民族文化的多样性和差异化特点，将介绍和学习少数民族的饮茶习俗和茶艺内涵作为茶文化课程的第一课，如让学生深入了解布朗族制作、使用酸茶的方法，哈尼族煎茶的工艺及药用功效，彝族使用隔年陈茶治病的过程，拉祜族烧茶、烤茶和糟茶等饮茶方式的特色，佤族烧茶、擂茶以及煮饮流程，傣族竹筒茶的制作工艺，基诺族凉拌茶制作中加入黄果叶、酸笋的饮食特点，景颇族腌茶的来历，白族三道茶的文化内涵，以及纳西族和怒族盐巴茶、傈僳族油盐茶、普米族和藏族的酥油茶和苗族的菜包茶等制作方法、使用功效和宗教作用等，从而让学生感受云南丰富多彩的茶文化。通过展示各少数民族制作茶和饮用茶的不同方式和习惯，让学生体验少数民族茶文化的异同，从而全面理解各民族互相尊重、平等互助、共同发展的重要性。

开设如此生动的茶文化课，将民族团结进步教育自然渗透到课程中，稳步开展民族团结进步教育，极大地克服了简单说教的方式方法，使学生领会了中华民族共同体意识的历史内涵和现实价值，收到了润物细无声的效果，增强学生铸牢中华民族共同体意识的自觉性，在行动中加深了学生对中华民族一家亲重要意义的认识和理解。

三、"生态文明"文化观折射下的普洱茶文化课新实践

云大附中茶文化校本课程体系的又一新亮点，是将课程教育贴近学生及家庭实际，以介绍学习普洱茶的历史、种植和保护为契机，结合中学生的学习特点，指导学生学习和了解云南是世界茶树原生地的考证过程，了解野生古树茶、过渡型古树茶和人工栽培型古树茶的特点以及寻找活物证的过程；帮助学生认识到，云南特定的纬度、海拔、降雨量、土质、光照、气候等自然生态因素，综合形成了世界独一无二的生态系统，从而孕育出普洱茶生态文化，以此来增强学生的家乡历史感、民族自豪感和生态优越感。

通过了解、学习历史生态结论"中国西南地区是茶树的起源中心和原产地"，使学生深度认识到当代普洱茶的环保、生态品质，使该课程的案例成为发展天然、环保、生态、无公害有机茶的典型成功案例。通过学习、感悟和体验，使学生不断学会挖掘普洱茶的文化内涵，全面系统理解中国茶文化美学"清敬和美"的丰富内涵和现实价值，自觉地认识和接受人与自然和谐交融的"生态文明"文化观。

四、用普洱茶文化课探寻茶马古道起源，从历史到现实加深将云南建成面向南亚、东南亚辐射中心的认识

我们在构建普洱茶文化课程体系的过程中，充分利用云南民族史和茶

李学文老师与刘玲玲共同参与第九届"汉语桥"世界中学生观摩团体验中国传统
文化茶道、花道、香道活动

马古道起源的研究成果，并将其以生动的方式展示给学生，让学生了解族
群移动引起了人类古道的演化。通过学习和思考同源语言的复杂分布等方
面的知识，了解云南处在族群移动的交汇位置这一共识。

从中学生的认识及思维层面，通过教师的认真备课，深入浅出地帮助
学生学习了解在云南除了汉语外，还有孟高棉语、侗台语、藏缅语和苗瑶
语四大语言"集团"，各个语言集团内部的方言和语言在同一集团内是同
源的。其中隶属南亚语系的佤语、德昂语和布朗语就属于高棉语，相关少
数民族广泛分布在云南南部和东南亚。而属于藏缅语支的藏语、景颇语和
哈尼语，则广泛分布在云南、四川、西藏和东南亚。使用这些语言的少数
民族主要沿着横断山脉移动，总在从甘肃、青海、西藏、四川、云南、东
南亚方向移动或从相反方向移动。

在普洱茶文化课程的讲授过程中，老师们始终尊重并保护学生的兴趣
和好奇心，通过生动的讲解，帮助学生认识到在茶马古道兴起前，马帮古

道就已经很有名。深度了解诸如此类的历史考古常识，如历史上有马帮古道，从大理到成都的五尺道和灵光道，从大理到印度的博南道等。通过学习考古和历史文献梳理的科研成果，让学生发现澜沧江马帮古道常常从西藏昌都往东南顺江而下，并延伸到老挝、缅甸和越南。

通过图文并茂、生动自然的学习，学生们了解到维持古道沿线的生命与繁荣的马帮贩运茶叶的古道，不同于历史上民族古道和盐运古道，其具有区别性的特征。"茶"与"马"两个因素的结合使原以滇藏川为中心的盐运马帮古道转换成了茶马古道，便迅速向周边扩散，形成了东南亚、南亚、中国西南和印度在内的国际茶马古道网络。

结合中学生思维特点，满足中学生好奇心，采用灵活多样的形式，运用地理和历史知识，加之充满吸引力和针对性的讲解，使中学生深刻认识到，国家推进"一带一路"倡议，将云南建成面向南亚、东南亚辐射中心的历史意义和现实价值，从而引导学生认识云南的区位优势，增强学生热爱家乡、建设家乡的责任感和自觉性。

五、普洱茶文化课创新思政课模式，增强课程思政实效

云大附中教师们深刻理解习近平总书记的战略定位：思政课是完成立德树人根本任务的关键课程。在开设普洱茶文化校本课程的过程中，始终以创新举动，围绕立德树人这条主线，将思政课改革中的中华优秀传统文化和爱国主义的重要内容有机地融入普洱茶文化校本课程讲授中，指导学生了解普洱茶的历史发源时间、地点、文化内涵，以及为民族经济做出的贡献等，生动地提升了学生的民族自豪感和自信心。

通过历史案例和国际交往案例，如云南普洱茶在云南对外交往中不断被国际友好人士、外国元首认识了解等，丰富和提升茶文化的内涵和辐射力，促进不同国家各民族之间友好往来。利用茶文化在中华文化中的特殊历史地位，帮助学生认识和了解茶文化的传播也就是对中华民族传统文化的继承与发扬。作为中国传统文化的组成部分，茶文化对国家的文化建设和发展具有重要作用，在国际交往中尊重和传承茶文化也是爱国主义的一种体现。

我们创新地将课程思政作为思政课改革创新的重要抓手和突破口，通过丰富多彩、充满吸引力的普洱茶校本课程，自然地将立德树人的生动实践融入日常教学中，使学生将之入脑入心，身心相通，产生了悄然见实效的效果。

六、校企合作创新普洱茶文化校本课程

普洱茶文化的历史深邃性和社会广泛性，促使我们从教育人类学视角不断思考，如何创新此校本课程的方式方法，力争使中学生在进行茶文化学习后，能从中学时代起，对"民族的才是世界的"这一共识萌发好奇心。为此，学校认真筛选了云南本土的普洱茶企业和公司，通过综合论证，优选芷兮文化传播有限公司作为合作共建单位，共同构建普洱茶文化课的综合课程体系。通过授课实践，从推进新时代基础教育"深水期"改革的高度，充分利用"芷兮文化"的社会公益性、业界文化传播性和茶文化正统性的优势和特色，超越学校一般意义的茶艺课，实现了三个方面的结合：一是学校教育与"芷兮文化"茶文化传播理念的有机结合；二是校本课程与本土茶文化导向的实操相结合，三是茶文化的校本育人功能与学生民族文化观形成相结合，最大限度地摆脱了教育功利性的负面影响，使学生通过普洱茶文化校本课程学习，了解"芷兮文化"社会公益性的深远教育意义，以及"芷兮文化"对青少年发展的深刻认识。

在开课的过程中，学校以理论为先导，以实践为检验，确立了"云大附中芷兮文化导向下的普洱茶文化校本课程创新研究"校级课题，校内茶文化课资深教师张玉以阶段研究成果形成的论文《云大附中综合实践课之茶文化初探》，参加云南省教育厅、省文旅厅和省民宗委三家联合主办的全省论文大赛并获奖，还入选由云南科技出版社正式出版的论文集《云南民族文化的探索实践》。论文《民族团结教育中践行茶文化理念的探析》入编《云大附中民族团结教育研究》，受到教育界好评。

云大附中成功采用校企合作模式，在普洱茶文化校本课程体系的构建、授课方式方法和教育功能延伸等方面实现了创新，对照中办、国办印发的《新时代教育评价改革总体方案》，我们发现，学校大胆务实的校本课程实践，为基础教育课程改革积累了经验，提供了范例，为新时代国家教育综合改革进入"深水期"和"硬骨头"攻坚阶段提供了智慧，贡献了力量。

天沐草灵人

天空为背景，青石为茶席

大地茶经澜沧纬·邦东篇

文/刘玲玲

  或许是因和人类亲疏不同，庄稼温厚驯良，喜爱平坦松软的沃土，以从中获得丰富的营养物质来孕育饱满的粮食颗粒；茶树则更青睐荒僻贫瘠却幽静的所在，这种桀骜不驯的植物似乎更愿意汲取天地长存的浩然、灵秀之气为生。

  茶生青石上，泉落白云间。

  它们天生就偏爱荒芜与孤独。

途·山水含清晖

从临沧市区出发,取道五老山。

五老山国家森林公园里的山路盘旋成一条清灰色的缎带,我们就在这满目的飞红翠色里快速穿行。蜿蜒迂回间,山势雄险,白云游弋于身畔;偶见林间飞瀑闪现,碧空不时穿插在眼前;时值季春暖日,大树杜鹃一簇簇火焰般的花朵正燃烧在梢头,点亮了午后幽静的森林。

下车稍事休息,冷风裹挟着鲜洁富氧的空气扑面而来,贪婪地"喝"上几大口,便要醉倒在这清凉的空山中也。

踏上邦东乡的地界后,道旁山坡上圆而青黑的巨石明显多了起来,从三三两两的点缀,到成堆成片的出现,它们身披着斑驳的乌青,不知在此存在了多少年,仿佛一枚枚大地的图章。

陆羽在《茶经·一之源》中描述了他对于茶树生长环境优劣的评价标准:"其地,上者生烂石,中者生砾壤,下者生黄土。"眼前这片漫山遍野都烂石丛生的土地,确实生长了不少姿态奇异的古茶树,然其滋味是否契合古论呢?

邦东乡不大,山腰上一条短短的小街上都是制茶人家,每一户几乎都建有用来晒茶的塑料大棚,每到正午日光炽烈的时候,家家户户的屋顶都闪着银白色的光。

在街道上的滇南古韵邦东生产基地落了脚,就迫不及待地爬上小楼楼顶一睹四围风光。正午的白云厚而低,仿佛伸手就能摸到,向东远望,澜沧江畔山峦颜色清浅,轮廓柔美,和午餐时吃的那道青翠鲜嫩的凉拌茶叶一样,带一点氤氲的凉意和湿润感。

景·云上的日子

邦东终年有二景。

一景曰："瞳瞳日出雪山间，长风吹云洪波起。"此地的云海日出虽不闻于世，却美得如梦如幻，似临仙境，不在人间。于黎明，尚且睡眼惺忪时动身上山，看奶白色的山岚在河谷中缓缓流动，等攀上山阳之处的古茶园寻一块大青石坐下时，天幕才渐渐亮起。

光，仿佛以加速的迅疾降临，太阳缓缓探出头，升起得越来越快，顷刻间便已光芒万丈，给黛色的山峰、涌动的云海、苏醒的茶园都镀上了瑰丽的金红色，眼前俨然是海上缥缈的蓬莱乍现，又似自然殿堂举办的祭典：身畔青岩遍布，巨石峥嵘；眼前云烟万态，晴光霞影；倏尔深谷

邦东茶树　摄影：刘为民

雾起，弥漫于山间，云海涌动如万马奔腾。这海市蜃楼般的壮丽景象，着实让人震撼，也叫人平静，周遭的空气很湿润，若此时再驱车下山，穿云过雾至澜沧江畔，还能在云海的"海底"游弋一番，恰是"天上有行云，人在行云里"。

二景曰："千岩万转路不定，古茶倚石忽已暝。"邦东仅二百多平方公里的境内，海拔变化从750米到3429米，数千米的高差造就了显著的垂直地带性差异，万壑千岩皆浸润于云溪深处，多为沉积岩的巨石没有太尖锐的棱角，各自被岁月打磨成不同的形状，表面也在经年的风化侵蚀下显得格外粗粝，又因久处雾雨苍苔遍生而呈现出青黑的色泽。古茶树就"见缝插针"地生于这些岩石间，经年累月，甚至"劈开"了一些巨石，在石多、土少的环境中它们"进化"出盘虬粗壮的根系以吸取养分。这些根系紧抱石块，枝干则斜斜地探出头来觅取阳光。

原本显得贫瘠苍凉的景象，在被这充满生命张力的植物点亮以后，使人行走在古茶林里并不会有"岩扉松径长寂寥"的落寞，反而会有别样的幽思雅趣。漫步其间，竹蓬的落叶和笋壳堆成厚厚的地毯，踩上会轻轻滑动，发出吱吱的轻响。茶树稀稀疏疏的枝条正是植物在

芷兮姐姐与团队在邦东基地

贫瘠的环境中坚强求生最真实的写照，枝叶间细碎阳光落下，在土地上投射出斑驳的光斑。

在这里，茶树的生长因为土壤贫瘠而缓慢许多，时间也就在这打了个漩涡，把山岚雨露的朗润、阳光清风的安适都慢慢沉淀在了茶树的枝干和叶脉里。

味·岩中品岩韵

寻一块平整的大青石，扫去枯枝，蕉叶为席，开一泡邦东老茶，才能真正理解何为"上者生烂石"。当地清轻甘洁的山泉水，最能让邦东茶绽放出令人动容的惊艳滋味。这些以万顷云海为被的叶片，在岁岁山岚中酝

酿出醇和而深长的喉韵，每一叶奇石中萌出的春芽，都翻涌着高锐的岩骨花香。口中茶汤温热，激荡出强劲的茶气，又在舌尖轻点，溶出甜爽的回甘，阵阵浓郁鲜醇则顺着舌面滑向喉间。

这是云南三大有性系原始群体中古老大叶良种独有的味道，是来自远古、穿越时光的珍贵馈赠。

时移世易，随着隶属邦东片区的昔归茶声名鹊起，邦东岩茶也渐渐为外界所了解，价格亦节节攀升。但无论人们如何谈论它的贵贱，这些巨岩间野蛮生长的茶树们风骨依旧，像一群不求闻达于世的隐士，其味厚重、质朴而不失超脱隐逸；其香馥郁绵长而愈显雅量高致；其韵得山岩之厚重，云雾之轻灵，旷达、洒脱。

他们一路高歌长啸着，身在此山中，云深不知处。

昔归山　摄影：刘为民

2006年冰岛村全貌　摄影:刘为民

万物生灵茶乡魂·冰岛篇

文/刘玲玲

　　在自然的进化史中，茶树不断地选择环境，递减着苦涩。身为纯正大叶种而几无苦底的冰岛茶，无疑就是茶树战胜自我最生动的证明。冰岛村位于勐库东西半山居中的区域，特殊的地理位置使冰岛茶弥合了东西两山各自的优点，形成了香气高、茶气足、甜润有加而无苦涩的独特品质。

古茶若只如初见

初识冰岛还是十几年前，彼时冰岛茶尚未被加冕为"普洱茶后"，冰岛村也只是一个道路晴时尘土飞扬、雨时泥泞不堪的贫困村落，茶叶卖不上价，村民采制的晒青毛茶因工艺落后而大多滋味不好，多数留着自家喝。

如今的冰岛村，早已今非昔比。正山鲜叶价高达数万元一公斤，2019年春天的一株"茶王树"，一季鲜叶的采摘权更是拍卖出了八十八万元的"天价"。春茶季进村的车辆已沿着山路排起了长龙，似乎采茶、看茶、买卖茶的人比茶树还要多。村口设有关卡，盘查进入的车辆并禁止携带茶叶入内，以防外来的"冒牌货"混入村中以次充好烂了价钱。

这样的光景似乎在证明，冰岛茶确实称得上是临沧乃至云南茶区中的翘楚，然而我关于冰岛最美好的记忆，却留在了十几年前那个封闭却可爱的小村子里。

那时，这里的人和茶树都是自然的孩子，人们并不以采茶谋生，每年只采摘炒制自家喝的量，茶树不会被挂上各种牌子确认权属，也不必装上监控防止盗采，更不会被水泥砌成的台子围起来，使浅表的根系被现代建筑材料搞得几近闷绝而窒息。

一切都是恬然安适的，最早去冰岛村那几年，我总是习惯和村民们在茶树下蹲着吃饭，彼时没有林立高楼和小别墅，汉族人家是土墙的房子，傣族人家则住着竹楼，竹

冰岛老寨母树

楼外还围着一小圈篱笆。

我时常在想，若能与冰岛古茶只如初见，或许会少几分心头叹惋，多几分舌尖的惊艳绝伦。

溯源茶史，茶香迷离

话归正题，冰岛村乃是勐库茶种（又名勐库大叶种）的发源地，冰岛茶的来历有从古六大茶山引入之说，但尚不可考。其产茶史载可追溯至明代（1485年前后），但传说中的时间却远早于明。

滇西迁至此地的傣族族群，据传从西双版纳寻来茶籽，开辟了勐勐土司的私家茶园，此后的四百多年间，冰岛的茶园一直被严格管理，成为勐库大叶种的发祥地。尔后，勐库大叶种传到顺宁，便有了凤庆长叶种；茶籽传到邦东，在苍岩遍布的山间和澜沧江畔则形成了邦东大黑茶茶种。因此，尽管茶源之说尚未有一个明确的定论，但在有茶源之称的双江，冰岛勐库大叶种之源的地位确是无法撼动的。

冰岛寨子本身并不大，古树茶产量有限，目前市面上的冰岛茶指广义上的冰岛，其范围囊括了南勐河两侧的五个寨子。勐库的地形本是两山夹一坝一河，河为南勐河，《清史稿·地理卷》中有述："南猛（通勐）河水，东流入澜沧江，澜沧江自缅宁入，合蛮怕河、南底河，东南流入思茅。"以南勐河为界将河谷两边分为东、西半山，其中南迫、冰岛、地界三寨靠西半山，糯伍、坝歪两寨靠东半山。

勐库镇东西半山皆产茶，其中西半山茶气饱满充足但香气稍欠，东半山香高味醇茶气却弱一些，而冰岛五寨恰好位于两山中间，弥合了两山优势之处，呈现出清冽甘润、香高气足的品质特征。这些庭前屋后有古茶树、深山林中也有古茶树的村寨，如今已然成为临沧茶区的热点区域。

仍不愿去谈论太多关于冰岛的争论和纷扰，我更愿意回到过去，走进一个纯粹而诗意的故事里。每每念及往事，何以解相思？唯有开一泡私藏的陈年冰岛茶，当那一抹甘甜渐次在舌尖苏醒，方知故人来。

甜润入水，春天的味道

一叶柔嫩的苍翠落入水中，赋予水另一种充满生命感的莹润通透。

当寻茶的足迹随着南勐河一路蜿蜒流淌至春深如海之处，走过南美，驻足冰岛，看它滋润过的每一株茶树身上，世俗加之的符号在天地间统统失色，只余下最本真的甜。

"我们的苦涩已经在经年的积累、磨合和转换中，消失殆尽了。"一个很轻很轻的声音诉说着。

三月春帷下，酝酿甘味的容颜如山花静静开落。风来，云起，雨落，

贯穿勐库坝子的南勐河　摄影：刘为民

冰岛茶树王

芽生，花开，泥土芳香——光、影、声、色都带着明媚的笑容光临，原来，这就冰岛村春天的模样啊！

在老寨，这个群山的臂弯中的古村落，岁月纯净之韵沉淀在年复一年初生的甜中。似乎是造化妙手偶得，纯正大叶种茶树里丰富的茶多酚、咖啡碱和儿茶素的配比，竟在保留了高扬浓烈的茶气之余，并没有输出浓重的苦涩，倒是碰撞出了冰岛茶那无比饱满的甜，如孩提时噙在口中的那小块小块晶莹中透一点淡黄色的冰糖，在舌尖上化出的那一汪清爽的甜蜜，连着甘蔗熬煮后独有的诱人香气。

纯粹，是春天独有的甜美；甜美，是冰岛独有的韵味。

寻一味纯粹的甜，猛烈而清爽的生津后明明白白的甜，如初生婴孩的眼眸，如童年故里的小院，入喉间时带一丝凉，片刻间便又萌出一个暖软的梦。甜之后，是逗人遐思的缕缕韵意，在舌尖似有若无，身体却能真真切切感知到沉实、幽远的气息蔓延。

鲜活灵动，造化之功

好水至活，好茶亦然。

这里所说的"活"，不是生物学性意义的那种活，而是一种离开枝头后被揉捻成条索、压成茶饼，可只要一遇上水仍旧能鲜甜灵动的滋味之活；也是一种历尽风雨沧桑后仍温柔纯净的雅致之活；更是一种能于无声无形中荡涤肺腑的流韵之活。

冰岛古树茶，作为勐库大叶种茶的古老源头，以色泽鲜亮、甘甜持久、醇厚古朴的茶性闻名于世，古老的茶树和不多的产量堪称茶树驯化和规模化种植的"活化石"，它的甘冽、纯美、柔情、清凉更是让它成为云南茶中的翘楚。

在冰岛这片太阳转身的土地上诞生的，是有魂的冰岛茶。

这里的山岚如同茶杯上的云烟，蕴含着无尽的造化之美，这里的湖泊地处勐库东半山与西半山之间的河谷地带，如茶案上晶莹温润的玉带。

山灵水秀，方成传世之佳茗。

冰岛老寨的时尚主播

冰岛古树茶的外形极易分辨，条索肥硕而略长，乌亮油润。其味更是清柔醇厚，艳绝云茶——冰糖甜与百花香，柔和而持久，汤水含香，汤感细腻，柔顺厚滑，无苦涩凝滞之感。回甘生津迅速却不显刺激之感，喉韵清凉甜润。茶汤饱满，茶气收敛性强。

此外，冰岛茶口感变化流转，层次感极为丰富。细品之，但觉前韵重回甘；中段柔滑和顺，兰韵生香；尾水甜润，冰糖甜显，一泡甜过一泡。茶尽香犹在，挂杯香久久不散而不事张扬。

这样卓绝的口感并非空穴来风的臆想。作为典型的云南勐库大叶种乔木树，冰岛茶长大叶、墨绿色，叶质肥厚柔软、持嫩性强，茶香浓郁，回味悠长，茶多酚和儿茶素较其他茶要高许多。

当优良的茶种遇见理想的气候、土壤与生长环境，成就的便是眼前这小小一饼冰岛茶。

追本溯源，忆昔抚今，冰岛的每一株老树都有着自己的故事，每一片叶都有着时光赋予的韵底和印痕。

这世上可抵十年尘梦安抚灵魂的，不过一杯冰岛罢了。

摄影师刘为民于2006年冰岛老寨拍摄，十多年过去，每个孩子都已身价过千万

1号大茶树　摄影：李万能

古树茶王滇南韵·勐库大雪山篇

文/吴宁远

　　茶者，南方之嘉木也，一尺二尺，乃至数十尺。

　　滇南有雪山名勐库，空谷凝翠，溪涧潺潺，中有古茶八万余，其长者二千七百岁许，其叶大如掌，花如白蔷薇，实如栟榈，蒂如丁香，根如胡桃。

　　双江县，因县境东南澜沧江和小黑江交汇而得名，奔流的江水如两条巨龙缠绕奔腾，万古不息。这个20世纪末就已村村植茶的产茶大县位于北回归线上，光照充足，又有着山茶科植物喜爱的温湿气候，几乎处处适宜生茶、种茶。加之不同的山头形成了不同的小气候环境，"千山千味"自此而来。

茶源，秘境

2号大茶树　摄影：李万能

在双江县境西部和耿马县交界处，有一条南北走向的横断山系支脉——邦马山脉，山脉海拔均在2700米以上，主峰就是勐库大雪山。

大雪山身处崇山峻岭之腹地，深沟河谷交错，低纬度、高海拔造就了其显著的立体气候特征，境内最高海拔达3233米，神奇的自然之手，让这里诞生了"当今世界上已发现的海拔最高、密度最大、抗逆性最强、分布面积最大、超过万亩"的野生古树茶群落。该群落位于海拔2200～2750米的原始森林中，面积达12000多亩，约有80000多株原生茶树，所处植被类型属于南亚热带山地季雨林，野生古茶树在森林中属二级乔木层优势树种。

这些令人惊叹的世界之最背后，是难以亲近却又令人无限神往的秘境。《茶经》所说的野者之境，最早应不在巴山，而是在这里——这偏居西南群山腹地、笔史难至的勐库大雪山。寻茶之途行至此处，是溯源，是寻乡，更是朝圣。

尽管云南茫茫绿野中不止一处秘境，勐库大雪山似乎也只是这红土地上莽莽群山里普通的一员，可偏偏只有这里最得上苍垂青，成了世界范围内最古老的野生茶树原产地。幽深的密林看似无奇，却藏着这些影响人类世界的山茶属植物最古老的基因密码。

寻找，是为了回归

大雪山中，有一株2700岁的1号古茶树，作为世界上现存最古老的野生茶树，是寻茶之旅中绕不开的一站。从大户赛出发前去寻它，需要在原始森林行走三四个小时。小径崎岖，即便骑骡子也要近三小时，但不必担心道阻且长，因为途中的风景旖旎，寻茶本身就是一段奇幻瑰丽的原始森林之旅。

又是在一个天光未亮的清晨出发，骑上还有些睡眼惺忪的骡子进山，访风景于崇阿。云雾深处，沾衣的晨岚让人清醒，许是海拔较高，空气湿润，略生寒意。大雪山中古木遮天蔽日，潺潺清溪从脚边流过，跳跃着欢

有 茗

文/杨军

雾岭山野寻蜜，茗蕊腰藏清幽。
纤手留香梦晴，采花采籽蜂流。

摄影：郑楠

快的水花。

　　四围巨大的枯木和厚厚的落叶搭出天然的阶梯，灌木和野花儿铺就柔软的绿毯。寄生植物的藤蔓缠绕在高高的树梢间，可谓"青树翠蔓，蒙络摇缀，参差披拂"也，偶有被蹄声惊起的鸟儿，清脆的鸣叫愈发显得山中幽静。

　　坐在骡子的背上视野尤佳，擦身而过的石斛开着黄白色的小花，幽香倏至又转瞬而逝，身下的溪水声如鸣环佩，不觉中想起，有大雪山中的古茶籽被流水带到了大户赛，成为最正统的勐库大叶种来源的传说。这样的说法确有可能，因为邦马山公弄寨子中布朗族种植的栽培型古茶园，时间远在傣族族群迁徙至冰岛村之前。行到正午时分，周遭的古茶树随海拔上升越来越多、越来越密，混生在满山葱茏的乔木中难以分辨，阳光透过密密的叶子缝隙漏下一角角碎银，在骡背上摇晃颠簸，恍惚觉得自己像个旧时山行的书生，内心有种复得返自然的宁静与欢愉。

　　日头稍斜时，终于来到这位野居的大德座前。

　　这位在密林中修行了2700多年，身形有十几米高的古茶"先贤"静默不语，它周遭的茶树们也静默不语。它看过漫天星河，历经千岁枯荣，仍然静默不语。只有翠绿的树冠在风起时轻轻摇摆，落下几片回归大地的绿意。

　　"天地有大美而不言，四时有明法而不议，万物有成理而不说"，生命和自然带来的无言震撼霎时间击中了心脏，这一刻，我终于体会到了那逍遥大江大河的庄生心意了。只有置身这世界茶树发源地的核心，才能真正触摸到茶在地球上繁衍生息的脉搏，那无声而有力的跳动，才能让爱茶人真真切切地感知一杯茶的"道"与"美"。

　　数千年前的一粒茶籽，斗转星移间已然成长为今日的巨树，人间已过百代，而古茶树的树干仍然笔挺，树冠仍鲜亮得如同翡翠制成的华盖，历经沧海桑田而繁茂如初的枝叶仍旧展示着坚毅生命和奇幻自然的大道之美。

人类的历史固然波澜壮阔，但云岭深处却藏着更为鲜活生动的自然史册：这个来自遥远冰川时期的古老孑遗物种，在横断山的庇护下避开了封冻与严寒存活下来。

这是自然的奇迹，生命的奇迹，也是时光的奇迹。

《神农·食经》有云："茶茗久服，令人有力、悦志。"这除了有营养学上的阐释，或许还有另一层含义：人和茶都源于自然，但人类开始逐渐地脱离最纯粹的自然环境，而茶树还留在原地。饮茶，是人回归自然的一种途径。

也正因如此，尽管寻茶之旅充满艰辛，尽管寻茶之路从来都不好走，但所有的疲惫总在和古茶树相

秘境寻茶　摄影：李万能

千年野生古茶林　摄影：李万能

茶山深处　摄影：李万能

见的那一刻烟消云散。无论乍见还是重逢，它们的姿态总是那么安静而优美，它们的芽叶总是那么鲜嫩青绿，让我有种归乡遇故人的亲切与熟稔。

在还没有城市的年代，人类居住在山野里，我们和它们一起享受着大自然美丽而多变的脾性，日暮星野，风霜雨雪。

渐渐地我们脱离了自然，蜷缩在城市中，它们则依旧在茫茫群山里静默生长，而关于我们的"回归"，从城市建立的那刻起，一直在发生。寻茶之路，就是"回归"的一部分。

江湖远去，青山不改。

茶的世界里永远需要这样一位大叶种英豪。

松看云海　摄影：符立智

千年岁月凝成的绿意

千载岁月杯中凝·千年古茶树篇

文/刘玲玲

　　楚之南有冥灵者，以五百岁为春，五百岁为秋；上古有大椿者，以八千岁为春，八千岁为秋，此大年也。

——庄子《逍遥游》

　　古往今来人寿有穷，如同历史长河中一滴小小的水珠，湮没于漫长的时光中难觅影踪。要想了解中华文明几千年前的模样，需得通过卷帙浩繁的典籍和略显模糊的遗迹去找寻。

而在临沧这片偏居滇西南，远离中国政治、经济、文化中心的边地上，历史以另一种方式被延续和铭记着，如今我们寻不到绝云气、负青天的神鸟，却可以在这里看到那些以大年之寿安居于世的古老生灵们，活得挺拔、苍翠、鲜活如昔。

作为世界三大茶树原乡之一，临沧24000平方千米的土地是目前世界上古茶树遗产存量最大、最具代表性的地区之一。南起沧源县单甲乡，北至凤庆县诗礼乡的茫茫群山中，成片的原始森林和次生林内均有大量野生古茶树群落分布，在勐库大雪山、永德大雪山、糯良大黑山、单甲大黑山、山顶塘大山、南美乡等地都发现了种群数量巨大的野生古茶树。

除了纯粹的野生古茶树以外，大面积的栽培型古茶树群落在临沧生活也逾千年矣，目前被发现的最大植株位于凤庆县小湾镇锦秀村香竹箐，树干直径1.84米，株高10.6米，树幅11.1米×11.3米。2004年初，日本农学博士、茶叶专家大森正司与中国农业科学院茶叶研究所林智博士对香竹箐古

树与光／摄影：李万能

茶树进行测定，认为其树龄在3200年以上，是目前世界上发现的最古老的栽培型茶树之一，想来其或是史书中居住于"楚之西南"、自春秋战国时期就定居在古濮水（今澜沧江）流域的古濮人所种植的——这个古老的族群将野生茶树引为家种的时代可以追溯到商周时期，茶叶也很可能是当时濮人向中央王朝纳贡的重要贡品之一。

东晋常璩的《华阳国志·巴志》记载："周武王伐纣，实得巴蜀之师，著乎尚书……其地东至鱼复……南极黔涪。土植五谷，牲具六畜……丹漆茶蜜……皆纳贡之。"顺着史书里的只言片语猜想，兴许在那个刀耕火种的蛮荒时代，这些观念朴素的先民们正是我国甚至全世界最早看见茶树、认识茶树、种植茶树，最早吃茶叶、吃茶花，以茶为药、为食的族群之一，这比中原茶事兴起、开始风行饮茶还要早上两千年。

常言茶如人生，其实茶树亦如人。正如长者皱纹中的智慧与从容都

来自经年的阅历，古茶沐浴过的风雨、晒过的阳光也都是岁月的礼物，无法以其他迅捷的方式来代替或转换，而随着临沧经济的不断发展，人类活动的范围不断扩大，如今要想一窥千年野生古茶树最原始的生长环境和样态，早已是非荒僻险远、路绝旅人之地而不能也。

每一次谒见这些茶中长者都是一场辛劳的苦旅。它们的居所通常林深树茂，幽静到连人或骡马踩出的小径也无，我们只能在附近的村子里留宿一晚，次日让老乡带路，拂晓便出发，一路穿林过溪而行，梯山架壑地跋涉大半日，直到日头高照，汗水浸透衣裳才能在某处不知名的山峰或深谷中睹得真颜。

它们或结群而居，或散布无章，姿态各异，乍一看仿佛与旁的树木并没有什么不同，可当你用指腹摩挲那些并不算粗壮的、长满青苔的枝干，或是小心翼翼地摘下一片比成年男人巴掌还要大、闪着蜡质光泽的墨绿色叶片，静静感受它凉凉的触感，再咀嚼一尖泛着鹅黄的嫩芽，心头就会对这种清俭的植物生出无限的敬意，也是在这至清之境中，我才读懂了为

傣族少女采茶忙

何"茶之为用，味至寒，为饮最宜精行俭德之人"。

古茶虬曲伴松生

空山幽谷中，鸟鸣蝉噪愈显寂静，只立在这里，朝圣般的震撼和感动就如潮水般涌来。年年岁岁，岁岁年年，花开了又谢了，草荣茂又枯萎，茶却于此岿然不倒，千古长青。在这光影交叠的密林中生活了千余年，它已然掌握了自然能量转换式中最准确的密码，轻轻吐纳着阳光雨露的精魄，又将积蓄的光与热都化为神奇的芳香。

若是这场拜会恰逢春日，你更能够体会到古茶树美丽的姿态并不是传统意义上的枯木逢春。千年之前一粒飞鸟俯拾中落地的茶籽，在月白风清的夜晚破土，云雾与细雨为茶芽沐浴，闪电和鸟儿为茶苗驱虫，它沐着艳阳和雨水，一天天生长，抽枝，长叶，一点点变得高大与粗壮，世间的风风雨雨在它身上细细雕刻出印痕，却无法阻止它每年春天那一枝枝嫩绿的、鲜亮的、向上生长的茶芽冒出来，冒得整个树冠都是，银毫满披，闪闪发亮，仿佛披上了一层水色的轻纱。

它从未真正地衰老过。

至此我也方才悟到，寻茶者只有一路求索、步履在这广袤的时空中，才能真正理解一杯气韵沉实古雅、回甘久久不绝的好茶绝非凭空而来，它甘美醉人的滋味源自群山造化的恩赐，它野气率性的茶气来自亘古时光的雕琢，它饱满舒适的口感来自茶人苦心孤诣的找寻与爱护。

"古树纯料，非亲临而难知其味，非跋涉不能寻得。"有了这曲折的寻寻觅觅，再把归来的无边夜色溶入茶汤，千年野生茶那萦绕迂回的意趣与韵味也就在月白风清中缓缓浸润而出。

夜来有茶树入梦，株株都生得风度翩翩、颀长秀雅，树型修长而非刻板的笔直，有着温和的弧度与枝杈；树冠朵朵如伞，新芽老叶的嫩绿与翠色相得益彰，亭亭如盖。想来能长生千岁的茶树，一定是福泽深厚的，它有着厚重沉默的红土相拥，有着温柔纯净的清溪守望，才能生长成一件天然的艺术品，站在山坳上，背依着身后的天空与草野，站立成一幅苍茫的剪影。

来日晴窗拓帖，簑灯夜读之时再饮这一杯古老而又鲜灵的滋味，周身通泰、灵台清明之余，千年往事亦尽注心头。

这跨越千年的守望，如此温柔而动人。

我们和我们的千年古茶树

芷兮姐姐与藤条茶　摄影：吴宁远

藤条枝头纳日月·坝糯篇

文/吴宁远

　　临沧藤条茶的核心产区位于双江县坝糯村。在临沧这个高大的乔木型古茶遍生的区域里，这里的茶林却有着人工矮化的痕迹，茶树枝条纵横交错，密如织网，如同成片的柔波碧云，又似一个个巨型鸟巢，这便是近年来备受瞩目、颇具储藏价值的藤条茶茶林原貌了。俯下身子低头一望，可见虬曲的树干间几只不同花色的鸡懒散地踱着小碎步，自顾低头左右啄食，视我们这些"闯入者"为无物。

坝糯村坐落在临沧勐库茶区东半山,超过1900米的海拔使得它成为整个东半山视野最好的所在,极目远眺,西半山诸寨风光一览无余。

在云南,高海拔常伴随着陡峭的地势,且往往缺乏灌溉和饮用水源,而坝糯村居于地势和缓、气候怡人的山间高地,更有三条清溪蜿蜒穿行于寨中,可谓占尽了难得的"地利"。

拉祜人最早来此开垦荒田,用丰沛的水源灌溉了大片大片的梯田,茶树也和拉祜人一起在这里生了根,坝糯目前的栽培型古茶园中最大的两棵普洱茶种栽培型茶树,高约八九米,树围约一人合抱,从这华盖般的苍翠繁茂中还能想象出五百多年前拉祜先民们拓土植茶的生动情形。

清嘉庆年间,一批汉人也迁居于此,与拉祜人各成一寨,比邻而居,几百年来,他们一同勤劳地耕种着肥沃的田地。其间,汉人还带来了一种别具一格的茶园管理方式:每年定期以人力将茶树的每一根枝干上的叶子全部修去,只在顶端留下三两芽苞,同时采用独特的手法将树枝整理、培

岁月在茶园留下的痕迹 摄影:李万能

养成椭圆的藤笼状，来年仍循此法，将枝条上新生的芽叶连带"马蹄"处尽数抹去，只留下顶端芽苞。

年复一年，坝糯的茶树都长成了别具一格的藤树模样，数不清的藤蔓般柔软纤细的枝条结成一张张藤网，成行的还相互交织，高龄者往往有上百根"藤"，长者达数米，交错缠绕，难分彼此。

因此远望茶园，但见绿云缥缈，亦真亦幻。在勐库地区的其他拉祜族、傣族、布朗族村寨均不见此法，相传这里还是旧时小土司贡茶园的所在，想是坝糯这得天独厚的地理环境允许人们在茶树上精细如此，才孕育出这般纤巧精致的栽培树种。藤条茶，是富庶与平安的产物。

藤条其形，柔美、秀朗中隐有坚韧的根骨。鲜嫩的芽头滚圆肥硕，洁白的银毫里带一点浅绿色的光泽，晒干后的饼面芽绒满披，还闪着白亮中略带金黄的光，紧实匀长的条索清晰可见，嗅之甘香阵阵，如清风过耳般令人愉悦，存上几年后香气透纸，更为迷人，喝上两杯当真可以"润喉吻，破孤

藤条茶枝

藤条茶园采单株　摄影：李万能

藤条古茶园漫步

闷，气韵生"。

作为昔日茶马古道上繁华的小镇，运往博尚的好茶让坝糯成为双江县境内富裕的大寨，寨中产生了李氏、廖氏、曾氏等大家族，坝糯昔日的风光一时无两。因为有好茶、良田，汉人也并不执着于通过卖酒换田来驱逐拉祜人，两族比邻而居，彼此相安。

汉人注重教育，清中期这里就出现了私塾办学，改土归流之后兴学读书之举更是蔚然成风，至今坝糯村中耄耋之年的村民大多都还能识文断字。尽管因为不在214国道线上的坝糯早些年败落了许多，但比起勐库的其他寨子，它仍保留着自己独特的"文气"。而藤条茶，也因种植之时极尽人力巧工，而比临沧其他古茶园多了几分"蒙茸紫结秀蕤明"的婉约与隽永。国学大师钱穆认为，中国人主张天人合一，是要双方调和融通，既不让自然来吞灭人文，也不想用人文来战胜自然。这种天人合一的平衡与和谐状态，在藤条茶园中体现得淋漓尽致：茶树本是自然山野间生长的植物，人们采摘下它的枝条和种子培植到毗邻村寨与梯田的山坡上，通过人力改变了它的生长形态，却又让茶树的顶端优势和天然光照来完成最终的转化，它高扬持久的茶气和秀朗清新的口感是人与自然携手完成的。

岁月不居，时序更替。如今，这里因拥有双江最大、最优质的藤条茶园而再次成为令人瞩目的焦点，在这片北回归线穿过的天顾之土上，有村民用汗水和时间浇灌出的宝藏，修剪、养护、采摘……一代又一代。

破败的古道早已芳草萋萋，古茶却在每年春天准时绽放新绿，每一株都延续用整枝叶片的牺牲换取寥寥数叶精华的古老传统，这样的诞生过程总带有一点凄美的意味，正如同它微微清苦的滋味中总带着刚烈的茶气，在舌尖激荡起的回甘却又甜柔至极，四季轮转间，它已然满载了时空与故事，只待在水中苏生，悄悄说给你听。

口中百转千回罢，神游古道茶园罢，才惊觉自己还坐在村口的农家小院里，和好客的主人家聊着今年的春茶行情，入喉的茶汤清凉鲜爽，杯中盛满了晶莹透亮的阳光。

藤条茶园小憩，共话"小土司贡茶"的往事

昔归的清晨　摄影：符立智

茶香砭骨人昔归·昔归篇

文/刘玲玲

茶不会说话，却总能让爱茶人在百转千回间寻寻觅觅。

昔归的故事里，能够遥想远古先民于此渡河，拓土开荒之艰辛；可以窥见古村桃源、江水悠悠之如画风景；无法忘怀昔日寻茶途中生死一线时的相依相守；更难舍弃舌尖心上那一抹清鲜甜美的茶香。

我一路问茶，与昔归的相遇，如同眼前一片树叶脉络的渐渐清晰，小村庄的一方天地里，茶树吸纳了蔓草花香，味道强烈、干净而温暖，每一年采下枝头春光时，总是能收获满溢而出的欢喜和悸动，年复一年，指尖终于留下了昔归茶那不可复制的芬芳。

溯·茶史几册

昔归茶，产自临沧市临翔区邦东乡境内的昔归村，隶属临翔茶区，是普洱茶史中声名显赫的名茶。

毗邻古村的昔归渡口（原嘎里渡口）附近，有着新石器时代的遗址。有关资料记述，留下这些古老子遗的居民，可能是一种夏处高山、冬居深谷的半定居、半农牧、半渔猎性质的社会族群，大致被认为是临翔区最早的人类氐羌系、白濮系、百越系的先民。

史载公元前二百年前后，古濮人便开始种植茶树，昔归的历史与先民，也便从远古时代起就开始和文明勾连，同茶结下了数千年的不解之缘。

昔归茶不仅起源早，品质也好。近代临沧地方志——《缅宁县志》中有这样的记载："本县气候土质，最宜种茶……种茶入户，全县约六七千

昔归茶园

户，凤翔镇……蛮远等宜茶之地均已植遍……邦东乡则蛮鹿、锡归尤特着……蛮鹿茶色味之佳，超过其他产茶区。所惜者，产量无多，不能应外人之求耳。"

县志中提到的茶质"特着"的锡归就是今天的昔归村。作为群山中流淌的大河澜沧江在临沧境内为数不多的古渡口，昔归的历史在日复一日的摆渡中与山光水色糅合，与品色俱佳的香茗联袂，酝酿出一抹斜阳般醉人的绯红。

昔归，忆往昔之归所；惜归，惜时光之回溯；夕归，日暮时当归来。昔归与昔归茶，这个嚼在口中悦耳舒心的名字，因为独特的音韵之美和四溢的茶香，多了几分静穆的气息与家园般的归属感。

问·茶境几重

作为云南普洱茶区唯一的低海拔优质茶区，昔归地理环境的独特性不

从茶园俯瞰澜沧江

昔归茶芽

言而喻：从海拔750米的忙麓山山腰，向东延伸至澜沧江畔，它倚着秀丽的大雪山，足踏西南大河，俨然一派世外桃源般恬然而又壮美的景象，温润的亚热带季风在这片土地上的吹拂长达半年之久，21℃的年均气温是茶树生长的理想温度，丰沛的降水让喝足了水的植物们郁郁葱葱，林茶混生的山坡上铺满富含矿物质的赤色土壤，古茶树与山间的香樟、松树、木棉、红椿等相生相伴。其间天时地利，不得不让其他地区的茶树都心生羡意。

寻·茶事几何

"上下高岭，深山荒寂，恐藏虎，故草木俱焚去。泉轰风动，路绝旅人。"寻茶的旅途，虽不似徐弘祖当年步行骑马那般多艰，却也是在荒寂的群山中穿行，少不了疲惫和危险，当然，也不缺自然山野和淳朴的居民为我们带来的温暖与乐趣。

路绝旅人之地，古茶遍生之所。

老村古渡，江畔茶家，曾几何时，昔归村就藏于这莽莽十万群山中的一隅，守着一江清水，一片茶林，茶香不闻名于外。

2006年的昔归村，还没有真正意义上的道路，有的只是山间一线土黄色的痕迹，晴天烟尘迷人眼，雨天泥浆满地飞。记得有一日，我们一行人驾驶越野车进山寻茶，沿着仅有的"路"在暴雨天的泥泞中艰难地移动，在行驶到一个下坡路段时，车轮在泥水中不停地打滑，即便司机师傅早已将刹车踩到底，车也已经熄火，但车头仍然一路狂飙侧滑不止。不知过了多久，才缓缓停下，下车一看，我后背阵阵发凉：越野车的车前轮已经堪堪停在了一道悬崖的边缘，离坠落只有一线之遥，死神的镰刀滑过了我的头发。

生死一线，寻找的意义，已然不同。这一趟趟的风雨无阻，为寻茶，也为问道。茶的滋味与人生的真谛，坦途中是难寻的，藏在崎岖、泥泞与风雨中的那一份曲折，方让茶味百转千回；于无路之境中问茶寻路，方使心越坚，意越诚；跨山重水复，历险远之地，方使茶人与茶相通、相惜。

茶林小坐

如今的昔归村已经在党和政府的关怀下通了公路，羊肠小道变成了宽阔平整的公路，进入不再困难，但我每每忆及当年寻茶途中的苦乐逸事，都倍觉幸运，更庆幸一直不曾改变的，是心中对茶的热爱与无法止步的探寻。

品·茶味几多

　　每一次苦苦找寻背后的相遇，都是最美丽的意外与惊喜。一句"产量无多，不能应外人之求"的朴实史话，道尽了昔归茶色味俱佳的特性。丰富的内质让昔归茶十分耐泡，黏稠度很好，香高持久，茶气强烈却又汤感柔顺，水路细腻，伴随着强烈回甘与生津，经年累积的甘甜在口腔中流转不散，醉人心神。

　　访得佳茗，自然要在澜沧江温柔的臂弯里一尝为快。浅浅

昔归茶王树

一弯透亮的金黄在手中盈盈一握，琼浆还微烫，香气在舌面和口腔绽开，轻轻叩击着味蕾，甘甜与苦涩相拥，随着一线温热在口中和喉间流动，一杯茶饮尽，周身但觉轻盈灵动，通泰舒畅，涤尽了一路上裹挟的唐朝的风沙、宋代的烟尘。

　　蒸腾的水汽中，风和星光一起，拥抱着茶叶沉淀在杯底。茶树仍旧静默在山野间，吸风饮露，过着神仙般的日子。清风吹过，鸡鸣犬吠都沉寂了，人和茶树、大山一起入睡，做一个甜美的梦。

小多依村古茶园　摄影：刘为民

葫芦之声阿颇谷·小多依村篇

文/吴宁远

云岭春深之境，山灵泽秀，雨露丰饶。有古茶者，饮石泉兮倚松柏而生，其味香冷清绝，其韵甘和幽然。

拉祜：古老的"葫芦民族"

每每和朋友提起南美，总会被误以为是在说那个要远涉重洋才能到达的南美洲。其实在滇西南地区，也有一个长满茶树的南美乡，还有一群仿佛从《桃花源记》里走出的原住民们。

若说此地和千里之外的异乡除了名字之外有何关联，当地的拉祜族人倒是有个类于诺亚方舟但又充满东方色彩的创世传说。故事里，在远古毁天灭地的洪水中救了人类祖先的不是上帝命亚当打造的巨船，而是大自然中圆润可爱的巨大葫芦——数十只葫芦载着一对对男女随着巨浪漂流，其中的一只漂流至此，就孕育了拉祜族，因此他们一直称自己是"葫芦里蹦出来的人"，至今南美乡诸村民居的屋脊上，还大多顶着一个精巧的金色葫芦。我年幼时就看过这个关于拉祜族的神话故事，故而第一次到达此处，就有种莫名的亲切感——仿佛走进了儿时神话里的古老国度。

事实上，这个奉葫芦为图腾的民族是来自遥远北方的氐羌族群，该族群发源于青藏高原和黄土高原之间的青海湖畔，于春秋战国时期举族南迁。前去南美乡的路并不好走，从临沧市区出发，要在颠簸崎岖中晃晃悠悠两三个小时，才能在经历无数次峰回路转后晕晕乎乎地看到这个拉祜原乡古老神秘的模样。

古代，南美乡位置偏远，地形复杂，进出不易，其与外界隔绝的封闭环境，形成了此地独具地域特色的民族文化风情。时至今日，这里依然保存着神秘而原始的服饰、饮食、宗教信仰、风俗、舞蹈和民族文化传统。在拉祜史诗《牡帕密帕》中，更是详细地描述了这个民族完整的信仰体系和迁徙历史，充满着瑰丽奇幻的文学色彩。

小多依村：茶和人都是大山的孩子

南美乡小多依村，位于南勐河上游，因冰岛而闻名遐迩的南勐河发源于此。

每每投宿此地，总能吃上各种平素里连名字也不甚知晓的野菜，还有极美味的干锅腊肉和鲜甜无比的蔬菜——南美平均海拔在两千多米，属于高山温凉气候，全年平均温度不高，腊肉是用坚果杂草喂养的猪杀来腌制的，蔬菜长在露天环境下总要经经霜，如此一来，肉自然就紧实香嫩了，菜自然就挺括爽脆了，在这样的深山中，美味的来源往往是食材本身，并不需要多么高超的烹调手法。

吃完饭总要喝茶。以往的拉祜人家会在火塘边围坐着喝烤茶，烤得漆黑的罐子里是熬得浓苦而奇香的茶汁，醒神化食尤佳。当然如今也有了茶桌、盖碗这些新事物，让被火烤炙后散发浓香的茶水有了新的展现形式，小多依茶的醇润香甜得以从浓香中剥离开来，被喜好清饮的茶客们发现。

小多依村古茶树

三人对饮

辛勤跋涉来小多依村寻茶，为的自然还是这里的茶树。

这里的茶树很有意思，我称之为"野放古茶树"，因为拉祜乡民们对这些村寨附近的古茶树都采取"放任自流"的态度，并不加以打理，每年也只采春茶一季。其实不仅是对茶树的态度这么散漫，对待解决吃饭问题的田地他们也是如此——拉祜族有着重自由、轻迁徙的历史传统，农业生产长期处于刀耕火种的原始生产状态。"懒火地"就是他们典型的耕作方式之一：

每年秋冬烧出荒地，以草木灰为肥，播下种子后便不再打理，只等收获"懒庄稼"；水田的耕作也不甚精细，通常是在山箐坡地上辟出空地，全无灌溉设施，就靠降雨来浸泡浇透土地，雨下透方可耕作，名唤"雷响田"。同在滇东南地区耗费两千多年开垦出几十万亩梯田的哈尼人不同，拉祜人更愿意信仰自然，依赖自然，成为大自然的一部分，这种靠天吃饭的生活态度，总带着几分天真无拘的浪漫主义色彩。

鸟瞰小多依村古茶林

南勐河源头

不过想要从叶追溯到树，见到这些比拉祜人更古老的"原住民"，还得上山。茶树们千余年前就在此落地生根，绵延至今已然子孙成群，巨大的群落分布在海拔2370～2509米的区域，较为集中的群落面积就达29000亩之多。

其中，1号大茶树，基围2.3米，树幅15米×13米，树高20米，苍颜鹤发之老者矣，仍能于每岁之初，在料峭春风中摇曳出满树的碧叶。根据南美乡原始野生茶树特征和当地居民口口相传的说法推测，它的树龄在千年以上。

南美乡的境况，委实有些令人惋惜中透着欣喜。惜的是即便茶树资源这么好，南美茶的价格也不高；喜的是远离炒作和纷争，这里的茶树可以继续肆意野蛮生长，不被过度频繁的采摘所伤害。

许是不闻于世，当邻近的冰岛茶热得如火如荼时，这里的茶树们继续懒散而安然地生长着，尽管它的滋味同冰岛有几分相似，只是稍有苦底，但因着树龄更大些、海拔都更高些，它的气韵在我看来比冰岛还要高幽。或许就像小多依果这种滇西南特有的野果一般，当地人爱之如宝，外来客却总难以接受它那酸涩的前味。很多事物的妙处不妨"敝帚自珍"，无需与外人道也。

近年来，旅游开发者们也关注到了南美乡这块璞玉，古村落和文化景观开始得到保护与关注，拉祜风格的民宿和风情村落陆续建成，在这个远离城市的大山深处，也有了旅游导览的标识和二维码。这对当地人来说是个增加收入的好事。时代在发展，大山里的美景和人们都应该和外界有

小多依的茶王、茶后

拉祜群众 摄影：符立智

所沟通，拉祜族传统的"搭桥节"如今成了临沧旅游的亮点之一，是众多游客青睐的盛会，越来越多的旅游者开始认识并爱上这片神秘了太久的土地。

不过我还是更喜欢在傍晚时分，一个人走在那些老村子里，或是顺着公路，看沿途的人家升起的炊烟缓缓散去，看蹲在道旁倚着矮墙的阿婆拿着烟斗吞吐烟雾，她们包着头巾，身着蓝黑色相间、纹饰复杂的拉祜族传统服饰，茶篓就放在一边，在夕阳下拉出长长的剪影。

夜来入梦，满目仍是白日里所见的那大片大片的草野春深似海，各色的野花随风舞动，倏尔至茶林中，拨开一棵老茶树的枝丫，看到了一个精巧可爱的鸟窝，盛着六七枚青白色的鸟蛋。

空山静默　摄影：杨艳光

雪山群峰嘉木森·永德大雪山篇

文/吴宁远

马缨花如一树流火，

点亮了春之暮野。

藤蔓苍老缠绵，

把时光绕成了低垂的绳结。

苔藓苍翠柔软，巨石坚硬如昨。

林中光线高低明灭，

松涛和着鸟鸣低声吟唱。

在这里，

古茶树也只是这千千万万树中的一棵。

沐雨，饮风，叶化入水，清甜幽扬。

同山顶经久不化的冰雪一样。

鲜亮圣洁，纯净芬芳。

永德县是临沧茶区中一个极古老之地，境地秦汉称"赕"，唐宋置城，元代立路，明清为州府，民国改县，县名由永康、德党两地首字组合而成，寓意"德化永昭"，颇有古意。

层峦耸翠，上出重霄

我每一场关于永德大雪山的记忆，似乎都是生机蓬勃的。拜访好像总是在阳中时节，山花盛放，春风十里，原始的山林中飞红流翠，春意盎然。

永德大雪山位于澜沧江西岸，地处横断山脉怒山山系的南延部分，最高点海拔达3429米，是中国内陆境内北回归线附近的最高峰。从山脚到山顶两千多米的高差造成了山中植被呈现出典型的地带性垂直分布，小区气候极为突出，山脚是温湿的河谷季风气候，山腰和峰顶则分别是半山温热区和高山冷凉区。

远眺大雪山，山体总是被有些模糊的雪线细碎地切分成银白和青翠两种颜色，但除此之外似乎也无甚特别，然而一旦走近它，走进它，你就会为那别样的神秘和美丽而折腰。何况，山中还有好茶呀！

仍旧是清早启程。历经了一冬的蛰伏与沉寂，群山中的早春款款而来。温湿的南风浸润着高原的沃土，第一场细雨绵密如织，尽管大雪山顶尚有残雪，春风吹来仍觉料峭，却挡不住旷野里鹅黄的草芽在睡眼惺忪中探出脑袋张望。顺着山下波光粼粼的南汀河一路漫游，初时静静感受"返景入深林"的"幽幽然"，及至高山旷野，就邂逅了万亩杜鹃花海开到荼蘼时极致的秀丽与绚烂，还在大株大株的马缨花下偶遇了三三两两一边吃草、一边晒太阳的黑山羊。

烟光凝而暮山紫

当行到万丈岩瀑布前，目睹那仿佛从天一泻、飞珠溅玉的景象时，脑

雪山之夜　摄影：杨艳光

飞红流翠　摄影：李刚

子里便全是李太白那句"千岩泉洒落，万壑树萦回"的酣畅淋漓了。待到峰回路转阅尽深林繁花，就能看到白雪皑皑的主峰银装素裹，凛然而立，让人叹惋"望山跑死马"，经历了大半日的山行，再想登顶已力有不逮矣。已是傍晚时分，天空凝结着淡淡的云彩，暮霭中山峦复现出清浅的紫色，幽境、幽景，无一不可入诗入画。

永德大雪山的神秘和壮美已然令人心醉。然除此之外，由于地质历史和生物地理区系上的古老性和特殊性，它还拥有近乎完整的南亚热带山地垂直带谱自然生态系统，是一个无比丰富的自然宝库——六十多种国家重点保护野生动植物栖息、生长于此，如此丰富的生物多样性对于区系内的自然保护而言意义非凡。

小羊过河　摄影：刘为民

在这座自然造就、华丽无比的生态多样性殿堂中，我不觉中竟有些模糊了自己寻茶的初衷——大雪山山脉上连绵覆盖的十万余亩野生茶林规模极大，但它们亦是天生天养的森林，又或者说，茶树也只不过是这绵延不绝的常绿阔叶森林中一个普通的树种罢了。

山月随人归

黄昏时分下山，在羊肠小道上边走边胡乱想着，人之于宇宙不过似尘埃一般，正如茶之于植物世界也不过沧海一粟罢了，那人和茶能在数千年前相遇并结下不解之缘，竟也十分不易。快天黑时才依稀看到远处的寨子，四弦琴温柔的曲调和着清朗的松涛声已经先来迎接我了。

饭毕坐定，一杯烤茶下肚，思绪又回到了那漫山的野生茶树上。据考，仅大雪山乡境内野生型茶树树围在0.4米以上的植株就有二三十万株，而全永德县境内有三四十万株。树围0.8～2米及以上的大雪山乡也有八九万株。这一区域的茶树老叶呈暗绿色且油亮，边缘有明显的锯齿钝化现象，芽苞片红绿镶嵌、芽肥大而少绒，是大理茶种。制成生茶，茶汤橙黄明澈，挂杯香极幽雅，滋味醇厚，生津显快，回甘猛烈持久，清幽的兰花香昭示着它中小叶种的独特身份，香气四逸中，苦涩在舌尖化得轻灵。

永德大雪山的野生茶树树龄高、面积广，但多在自然保护区内，不被允许进行商业采摘，不过保护范围之外乡民们用野生茶培植的古树茶，滋味同样别具韵意，但声名总不似冰岛、昔归、勐库那么响亮，因此每每宿在雪山脚下，总觉这里的茶更倾向于生活中一个普普通通的元素，而非商品。

日复一日，年复一年，斜阳在大雪山的那头湮没，和着汗水的劳作结束，休息伴着歌声开始，茶树已经睡着了。

没有光线侵袭的夜空黑得纯粹，漫天星子都明亮如远古。

茶山落日

云岭空山朗月白·云南白茶篇

文/吴宁远

　　世人皆知普洱茶名重天下，却鲜有目光能注视到云滇山岭中。这里除了出产一众乌颜翠色的生熟普洱以外，还有一抹"淡而清雅野气，宛如空山朗月"的银白。的确，没有商业营销推波助澜，它笔墨稀疏，知之者寡。

　　那云南历史上到底有没有白茶呢？有。不仅有白茶，而且品貌滋味俱不在福鼎白茶之下，只因一提云南，皆逃不开普洱、滇红，而在闽北白茶红了几个年头的今天，云南白茶并没有火起来，兀自偏居一隅，独享清净。撇开广告营销的"烟雾弹"，我们不妨来聊聊这颇为小众的云南白茶，究竟是不值一说还是遗世独立。

　　要说云南白茶史，就绕不开整个中国的白茶史。白茶类作为中国众多茶类中比较小众化的一位，在西湖龙井、铁观音、普洱茶等各大茶类都"粉墨登场"、热度不减，历代名茶从来都不缺记载时，却只能在典籍诗书中艰涩地寻到关于它的只言片语。只不过，少了翰墨笔史，是否就代表着出现晚、不够好呢？

答案在远离历代政治中心的云南，或许并非如此。

回溯茶的源头，一条茶史之路缓缓铺陈眼前。从地球古老的山茶科植物到人类充饥采食的野菜、解毒的药物、祭祀通灵的道具，直至唐代被上升成为一种高雅的饮品，而后历代不断种植、发展、传播至今，茶走过了漫长的数千年时光，终于成为华夏国饮，从一种植物化身为一个国家的文化符号。

那么，拨开乱眼的众说纷纭和复杂的发展史，回到茶的初心，它究竟是以何种形态存在于远古的人类生活中呢？作为一种植物的叶子，可以猜想，茶最初一定是以食物的身份登上历史舞台，并以这种身份穿过漫长的岁月。

大白茶始祖

在唐代以前，茶的工艺形态并没有明朗的史料记载。魏晋时期才出现了将茶做饼烘干的记录，唐代出现了蒸青团茶，初步形成早期的绿茶工艺。那么唐以前的那些岁月，茶是如何被人们储存和利用的呢？

陆羽《茶经》中说"茶之为饮，发乎神农氏，闻于鲁周公"，《神农本草经》载"神农尝百草，日遇七十二毒，得茶而解之"。这两部典籍告诉我们茶最初作为药物和饮品的功能存在，也把茶的使用历史推到了"神农氏"时期，这说明，在绿茶出现之前，茶一定以另外一种形式出现在人类的舞台上。是黄茶吗？黄茶出现于公元1570年前后，由于炒青绿茶的实践，人们发现杀青后或揉捻后，不及时干燥或干燥程度不足，叶质变黄，才逐渐产生了早期的黄茶。是黑茶吗？四川边销黑毛茶起源于11世纪前后，湖南安化黑毛茶起源于16世纪以后。青茶就更晚一些，创制于1725年(清雍正年间)前后，福建《安溪县志》记载："安溪人于清雍正三年首先发明乌龙茶做法，以后传入闽北和台湾。"红茶的

古茶林

鼻祖"正山小种"至今也只有400多年的历史。那么在缺乏更多文字记载和实物证据的情况下，对唐以前的茶叶工艺和存在形式是否可作出一些合理的推论呢？

大白茶芽

六大茶类中，除了白茶，其余五大茶类的起源均有较为可信的定论，只有白茶起源在茶学界有诸多存疑。无论是陆羽说的永嘉县的"白茶山"还是宋徽宗《大观茶论》笔下"与常茶不同，其条敷阐，其叶莹薄，崖林之间，偶然生出"难以蒸焙的"白茶"，从描述来看都更像是茶树品种，白茶应当是一种叶色发白的稀有白化树种而非工艺。直到明代，关于白茶工艺的记载才出现，避不开要说的就是田艺衡《煮泉小品》中关于白茶的论述："茶者，以做火者为次，生晒者为上，亦近自然，且断烟火气耳。况作人手器不洁，火候失宜，皆能损其香也。生晒茶，沦之瓯中，则旗枪舒畅，青翠鲜明，尤为可爱。"

明代另一位大才子屠隆在他的《茶笺》中也赞道："日晒茶，茶有宜日晒者，青翠香洁，胜以火炒。"

近年白茶大热，这两段记载，少不得要被商家们寻章摘句引用一番，以作为白茶起源之说，但白茶的历史，真的只是从明代开始的么？

众所周知，白茶的工艺是六大茶类中最简单的一种，不炒不揉，自然萎凋，虽然工艺简单，却反能保留茶最接近自然的本味。

再回想唐前的茶，既不作为大宗贸易的商品，也非文人高士的雅饮，但茶区的先民们必然有在采摘、使用这种植物。那么即便没有太多的文字，我们也能寻到通往真相的蛛丝马迹。

在蛮荒的时代，茶最初也同其他无毒的植物一样，被人类列入了食谱，渐渐又因为其独特的苦涩滋味和一定的药用价值，在作为食材的同时也成了巫师（也承担了医生的职能）手中的药物。茶的嫩叶并非四季常有，出于储存食物以供在食物匮乏季节食用的需要，古代先民将鲜茶晒干保存备用，是最符合逻辑的可能性，和草药粗加工的方式相似，将鲜叶晒干，需要时再煮食或泡饮，这也是最简单洁净的处理方式。饮食二字，向来难分开，以茶为食的烙印，在宋代点茶中还能窥见，不难想见，在成为高级饮品的唐代之前，茶的鲜叶或者干叶不是作为"茗粥"就是以菜蔬的形式出现在人类的餐桌上，只有少量被用于祭祀或医药，其主要价值还是食饮。那么不妨作出大胆而合理的推断：以"生晒"为主要加工形式的古白茶并非在元明时期才出现，而是早于其他五大茶类出现在了人类历史中，并且一直是唐代以前茶叶的主要加工形式，只是在唐宋时期随着经济发展而逐渐被其他更为复杂的工艺所取代，至于明代的"生晒茶"，只不过是在人们在经历了繁芜的加工方式后返璞归真、重温古韵的做法而已。

再回到云贵高原的土地上，来看看茶在这里的历史轨迹。地处历代版图西南边疆的云南，在文化上注定存在着边缘特征，远古时期关于茶的文字记载是难寻的，直到唐代南诏国兴起，樊绰在《蛮书》中才提到："茶出银生城界诸山，散收，无采造法，蒙舍蛮以椒、姜、桂和烹而饮之……"

采摘古茶

唐吏樊绰以如此简练的笔法提到"银生城界诸山"，想必是这一区域的茶叶出产为南诏王国所偏爱。"银生城界"，正是今天云南临沧、普洱一带的茶区所在，属无量山系腹地和哀牢山系局部。在这横断山余脉的茫茫山野中，散落着星罗棋布的古茶树、古茶园，迄今为止发现的最古老的一棵茶树在临沧茶区的勐库大雪山，已有2700年左右的树龄。银生诸山之茶虽"无采造法"，却是当地原住民的生活必需品，更是南诏皇室喜爱的"贡茶"（在大理巍山，民间一直有青华绿茶曾为南诏贡茶之传说）。到了明代，徐霞客的《滇游日记》中关于茶的描述俯拾即是，共提到茶、茶果、茶庵、茶房等50多处。种种可见，虽与中原地区饮用方法和制作工艺不同，茶却一直与云南的历史相伴而行。

而在已被国家级专家组考察证实的世界茶树原产地区域之外，还生活着一支爱茶、种茶，生活与茶息息相关的古老民族——濮人（今天布朗、德昂族等少数民族的先民）。《国语·郑语》中韦昭注："濮，南阳之国。"在昌宁县澜沧江西岸发现的德斯里新石器时代遗址是迄今发现的最早的濮人生活的遗迹，这一区域也正与史籍记载的濮人生活区域（保山、普洱、临沧等州市，以"古濮水"澜沧江两岸最为密集）相吻合，而在此区域内，除了分布着众多野生古茶树之外，还存在着数量庞大的被栽培驯化过的古茶树，濮人将野生茶树引为家种的时代可以追溯到商周时期，而且茶叶很可能是濮人当时向中央王朝纳贡的贡品之一。东晋常璩的《华阳国志·巴志》记载："周武王伐纣，实得巴蜀之师，着乎尚书……其地东至鱼复，西至僰道，北接汉中，南极黔涪。土植五谷，牲具六畜……丹漆茶蜜……皆纳贡之。"

试想，早在上古时期云南的先民们就与茶结缘，开始栽培利用茶树，而普洱茶和绿茶、红茶工艺出现远远晚于这个时期，那么能够填补这一空缺的除了鲜叶的食用外，便只有以最简单的生晒工艺制成的白茶了。古白茶出现在云南历史上的时间，想必不会比濮人出现的历史短太多。

那么在今天通过科学的角度看，云南大叶种茶是否适合制成白茶呢？以云南大叶种茶的源头树种——野生勐库大叶种茶为例，其丰富的茶多酚和儿茶素含量对比当下大热的福鼎白茶所采用的树种福鼎大白茶（华茶1号）有着相当的优势，勐库大叶种（华茶12号）一芽二叶的春茶中除了氨基酸含量低于后者2.6个百分点之外，茶多酚和儿茶素含量都远高于后者。白茶的特点本就是通过阳光照射，让茶叶萎凋，保留茶叶本身的香气、滋韵，野生勐库大叶种本身强劲的茶气和丰富的营养成分正好弥补了因工艺简单而稍显寡淡的口感，而白茶的微发酵工艺又巧妙地减轻了大叶茶因茶多酚含量较高形成的浓酽滋味，兼以野生茶树山明水秀的生长环境和高原地区多晴朗天气、利于日晒加工的气候条件，云南野生白茶的优良特性与未来发展空间比之闽北茶区，想必亦不遑多让。

古老深远的历史积淀在身后，茶人寻寻觅觅的慧眼妙心在眼前，云南白茶的美好是朴素而本真的。

曾有幸品尝过勐库茶区某株千年野生茶树鲜叶以日晒的方法制成白茶。这种茶产量极少，一春所得不过数斤。然开汤品饮，其入口之清淡香洁，流动的韵味不加雕饰却妙不可言，叶底青翠可爱非常茶能比拟，不加烟火烘焙的滋味中除了山韵花香，还有一丝难以捉摸的野性——恰如这莽莽苍苍彩云山水的任性天真，古老而充满活力。

百年古树制成的滇红茶，乌润芳香

应该擦亮的历史：
也论"滇红"的创制及意义

文/刘玲玲　秦树才

　　如今，在绝大多数人的脑海中，"滇红"只是云南出产的红茶的概称。迄今为止，学术界也只有寥寥数篇文章对"滇红"创制的直接原因和过程进行过简要叙述，甚至"滇红"的创制者冯绍裘先生所写作的《"滇红"史略》，也只是以回忆的方式，以两千余言的短文简述"滇红"创制的历程，以作为各界友人"滇红是怎样创制出来的"这一问题的回答。这种状况，与"滇红"在国内外的社会地位极不相称，也不利于我们在新的时代背景下挖掘滇茶的历史，夯实云南茶叶发展的文化底蕴，打造高端茶叶品牌。有鉴于此，本文拟从当时国内外茶叶生产与贸易、云南茶叶发展历史及近代云南经济社会发展的背景等几个方面，进一步探讨"滇红"创制的背景与使命、过程及意义，见教于学界及茶界博雅君子。

一、尽地利、显物华，创制滇茶名品，是云南茶叶经济发展的选择

云南处于低纬度地带，地理环境复杂多样，物产丰富而奇特，可谓物华天宝。然而，也因环境封闭，生产利用及流通常常滞后，制约着优质物产发挥其应有价值。明代刘文征所撰天启《滇志》卷三指出："滇之产……皆长物也，滇人无所用之，五方良贾贱入而贵出。利之归本土者，十不一焉。"①道出了云南本土之人不能有效利用地方珍品，本地物华之利为外地商贾牟获的普遍现象。

在云南诸多"长物"中，茶的种植面积较广，"本省产茶县份，几占全省四分之一"②，"全省之气候、土壤、地势，几无不宜茶"③而且品质绝佳。

据调查和分析研究，在世界52种茶组植物中，只有茶系中的大叶种茶和小叶茶经过长期的人工栽培，其余均为野生茶或半野生茶。而大叶茶，最适合的生长温度是16~20℃，海拔为900~1600米，土壤pH值为4~6.5，

---

① （明）刘文征纂，古永继校点：天启《滇志》卷三《物产》，云南教育出版社，1991年，第112页。
② （民国）云南省通志馆编：《续云南通志长编》卷七十五《商业》，云南省地方志办公室整理，1985年，第609页。
③ （民国）云南省通志馆编：《续云南通志长编》卷七十五《商业》，云南省地方志办公室整理，1985年，第606页。

土壤厚度在1米以上。这些要求，在云南南部的澜沧江流域得到了较好的满足。在此条件下生长的大叶茶，其品质是其他地区的茶难以企及的。尤其是顺宁（今凤庆县）一带，有悠久的人工大叶茶栽培历史，在其境内还存有3200年前的锦秀茶祖。1938年冯绍裘到顺宁考察时，发现其凤山高坡上"茶树成林，一片黄绿"，"茶树均为单本植，高达丈余，芽壮叶肥，白毫浓密，芽叶生长期长，顶芽长达寸许，成熟叶片大似枇杷叶，嫩叶含有大量叶黄素，产量既高品质又好"，经过对采青叶十多斤试制成的红茶和绿茶进行观察，冯绍裘得出了"这两种茶堪称我国红绿茶中之上品"的结论[1]。现代技术条件下的科学研究表明，"茶树品种的叶片大小与茶多酚含量呈正相关性，叶片较大的品种，其茶多酚、儿茶素的含量较高，制红茶品质较好"[2]。云南的大叶茶树叶片，很适合采制为红茶。经过严格的筛选评定，云南大叶茶树中的"勐库种""凤庆种""勐海种"1984年被审定为"国家级良种"，是制作红茶、绿茶和普洱茶的优质原料。以此而论，称"云南为产茶名区之一"[3]，一点都不为过。中国茶叶公司计划在西南开辟新茶区的时候，在四川、西康、广西、贵州、云南等省区进行调研、考察后，最终认为"云南的茶区的分布最广，品质最佳"[4]。

然而，拥有如此优质的大叶茶茶叶原料的云南，早年间的茶叶成品却很粗糙。当1938年冯绍裘到云南调研后，所得出的结论是："云南各茶区

① 冯绍裘：《"滇红"史略》，第2页。
② 陈代卉等：《茶树品种的试制性与茶叶品质》，《福建茶叶》2008年第1期。
③ （民国）云南省通志馆编：《续云南通志长编》卷七十二《茶业》，云南省地方志办公室整理，1985年。
④ 郑会欣：《从官商合办到国家垄断：中国茶叶公司的成立及经营活动》，《历史研究》2007年第6期。

刘玲玲女士查看红茶发酵情况

时只生产青毛茶，属绿茶一类"，"从来没有生产过红茶"①。不少人也持这种观点。事实上，从海关的记载看，云南还是有红茶出口的。云南省公署机要处第四科所编写的《云南对外贸易近况》（1926年印行）便记载了1912年至1923年云南蒙自、腾越海关有"茶叶"出口，一般而言所出口的绝大部分系红茶，思茅海关所记这一时期出口的茶叶则明确标明为"红茶"。然而，从云南红茶的出口量来看，确实微乎其微。兹据《续云南通志长编》下册所记载的民国十八年至二十年（1929—1931年）云南红茶出口量的情况，将其整理为下表来加以说明：

---

① 冯绍裘：《"滇红"史略》，第2页。

云南省原副省长、云南省政协原副主席、云南省茶叶流通协会创会会长陈勋儒视察阿颇谷茶厂

民国十八年（1929年）至二十年（1931年）云南蒙自、腾越海关红茶出口情况表①

	1929年		1930年		1931年		合计	
	出口量（担）	出口值（海关两）	出口量（担）	出口值（白银两）	出口量（担）	出口值（白银两）	出口量（担）	出口值（白银两）
蒙自海关	3796	79513	2901	66759	3231	96931	9928	243203
腾越海关	195	3900	143	2430	59	1247	397	7577
合计	3991	83413	3044	69189	3290	98178	10325	250780

注：资料中没有思茅海关出口红茶的记载。

---

① （民国）云南省通志馆编：《续云南通志长编》卷七十二《茶业》，云南省地方志办公室整理，1985年，第318页。

　　用上述云南红茶的出口数据与同期中国茶叶出口情况作比较，1929年中国茶叶出口量为94.77万担，云南当年的出口量仅为总出口量的0.42%，出口值为4125.24万海关两，云南仅占0.2%；1930年中国茶叶出口量为69.4万担，云南占总出口量的0.43%，出口值为2628.39万海关两，云南占0.263%；1931年中国茶叶出口量为70.32万担，云南占总出口量的0.467%，出口值为3325.32万海关两，云南占0.295%[①]。这一时期为中国茶叶出口最为低谷的阶段，而云南出口的红茶在其中所占地位，也到了近乎可以忽略不计的程度，实与云南丰富优质的茶叶资源不相匹配。因此，利用云南得天独厚的茶叶资源，开发和扩大云南红茶的生产和外销，是云南经济发展的必然之举；在全民抗战的背景下，改良和发展云南红茶产业，推动出口，更是支撑抗战，挽救民族危亡的重要举措。

二、滇红的创制，是中国茶界改良茶叶产销，提高红茶外贸竞争力的智慧选择

　　创制"滇红"茶，充分利用云南茶叶资源，推动云南经济发展的努力，在1937年7月7日"卢沟桥事变"后的历史背景下，还承担起了中国茶界改良茶叶生产，振兴中国茶叶外贸，支撑中国全面抗战的历史使命。

　　中国以红茶为主的对外茶叶出口，始于1610年左右。至19世纪中期，茶叶出口额和出口值均达到了鼎盛。光绪十二年（1886年）达到了峰值，出口茶叶134万公担，价值白银5220万两，占当年清朝出口总额的一半以上[②]。而据有的学者统计，1880年中国茶叶出口首次超过了200万公担，达到了

---

① 此处中国茶叶出口数据，来自袁欣《1868~1936年中国茶叶贸易衰弱的数量分析》，《中国社会经济史研究》2005年第1期。

② 吴觉农等：《中国茶叶问题》，上海：商务印书馆，1937年，第1~2页。

209.71万担，出口值为3572.82万海关两，1886年达到出口峰值时，出口量为221.72万担，出口值为3350.48万海关两，至1889年以后，中国茶叶出口跌下了200万担，并且从此一蹶不振。民国建立以后，下降趋势仍然持续，并在1918年第一次世界大战结束后，降幅骤然增大，下跌到了年出口100万担以下，至1936年，出口量仅为49.92万担①。为挽回茶叶出口的颓势，国民政府开始加强茶叶出口检验，以提高质量。1931年以后，国民政府实业部先后在上海、汉口等地实施茶叶出口检验，以杜绝茶叶掺伪造假，提高茶叶质量，促进外贸。与此同时，以1932年安徽省政府在祁门设立茶叶运销合作社为始，国民政府实业部还在安徽、江西等茶产区设立茶叶运销合作社或运销处，以求在政府干预下，合农、工、商三位于一体，整顿茶叶的生产、运输和对外销售，最终达到降低生产成本，增加茶农收入，提高茶叶品质，促进外贸发展的目的。政府对茶叶的干预由检验扩大到了生产和销售，逐步形成了对茶叶的统制。

随着20世纪30年代中期统制经济在中国的推行，茶叶统制获得了进一步的发展，其结果是中国茶叶贸易公司的成立。1937年3月25日，国民政府实业部部长吴鼎昌召集安徽、浙江、江西、福建、湖南、湖北各产茶省区建设厅等主管部门、实业部、国际贸易局代表，以及上海、汉口、福州等地茶商领袖，召开中国茶叶股份有限公司筹备会，制定了公司章程。5月1日，中国茶叶股份有限公司在上海召开创立大会，由实业部为代表的中央官股、各产茶省份官股、商股共同出资形成公司200万元的资本，组成了由实业部常务次长周贻春任董事长的董事会。董事会聘请寿景伟为公司经

---

① 袁欣：《1868~1936年中国茶叶贸易衰弱的数量分析》，《中国社会经济史研究》2005年第1期。

理。公司业务包括：国
内外茶叶贸易与代理运
销事项；机制茶场的设
立及经营事项；茶叶生
产之辅导及改良事项①。
很显然，中国茶叶公司
的成立，系民国初年以
来政府和茶界为一改茶
叶国际贸易出口的颓势
的不断努力的继续和发
展。在统制经济的背景
下，这种努力已经由取
得对外贸易权，规范茶
业生产和运销，发展到
了中央、产茶各省、茶
商三位一体，统一经营

我们村的小院

品饮新茶

中国茶的国内外贸易，并以此为基础，将努力指向茶叶生产的改良，尤其
是要促进茶叶生产由传统茶农茶商个体经营向茶场机制生产的转化。应该
说，这是中国茶业发展史上一次颇为深刻的变革。

　　然而，不曾料想到的是，中国茶叶公司成立时仍榜上无名的云南，在

---

①　景寿伟：《〈中国茶叶公司〉创立缘起》，贸易委员会档案309（2）－1112，
　　转引自郑会欣《从官商合办到国家垄断：中国茶叶公司的成立及经营活动》，
　　《历史研究》2007年第6期。

晒红茶

资源与时局的双重作用下，竟会成为实现中国茶叶生产和贸易历史性转折的主角，在中国现代机制红茶的发展史上，迈出关键性的第一步。1938年10月21日广州为日军占领，25日武汉继又沦陷，日本帝国主义的侵略已使中国主要的茶叶生产和出口地受到了前所未有的冲击。在这样的局势下，已经迁至重庆的中国茶叶公司不得不着手开辟西南新茶区，发展茶叶外贸，支持中国抗战。经过中国茶叶公司派技术人员对四川、云南、贵州、广西、西康诸省区进行考察，最终将云南首先确定为新辟茶区。

三、近代红茶生产的革命："滇红"的创制

在中国茶界不断推进茶叶的生产与管理改革，提高华茶质量，改变中国茶叶对外贸易不断下降局面的背景下，为适应抗战全面爆发后在云南建设新茶区的局面，中国茶叶公司与云南省建设厅、富滇新银行联合，共同出资组建云南中茶贸易公司、云南茶叶改进委员会、云南茶叶贷款银团，

以促进云南茶叶生产的改进和贸易。其中，云南中国茶叶贸易股份有限公司系1938年夏由富滇新银行与中国茶叶公司各出资国币10万元组建，后来公司资本增至国币1000万元。1943年8月，中国茶叶公司退出，其资本由云南省经济委员会接手。正是云南中茶贸易公司和云南省经济委员会的持续努力，才在艰难的时代条件下，为"滇红"的创制提供了机构、机制、资金与技术力量的保障。

经过郑鹤春、冯绍裘的调研，1938年底，云南省经济委员会决定由冯绍裘于开始筹建顺宁实验茶厂。

冯绍裘，1900年3月10日生于湖南衡阳。1923年毕业于河北保定农业专科学校。1933年，任修水实验茶场技术员，从事红茶研制。后初聘至祁门茶叶改良场试制红茶。1938年春，冯绍裘又被中国茶叶公司聘用为技术专员，承担公司西南新茶区的开辟和红茶的研制。

冯绍裘被任命为顺宁实验茶厂的筹办负责人以后，1939年1月即着手购地建厂，并根据此前红茶研制的经历和经验，"设计制茶机器，委托中央机器制造厂制造"①。根据他设计制造出来的"三筒式手揉机""脚踏与动力两用之揉茶机""脚踏与动力两用之烘干机"，非常适合边疆地区油料供应不足，需以人力作为补充动力的要求，被称为"绍裘式"制茶机器②。至于普通的竹木制茶器具，则由冯绍裘发动当地的篾匠等手工业者，按要求仿制③。在机制红茶的技术人才方面，冯绍裘一方面"通过中茶总公司，从安徽、浙江、湖南、江西等省招聘技工"，一方面"举办培训班，积极

---

① （民国）云南省通志馆编：《续云南通志长编》卷七十二《茶业》，云南省地方志办公室整理，1985年，第431页。

② 许文舟：《冯绍裘与滇红茶》，《贵州茶叶》2015年第4期。

③ 绍裘：《"滇红"史略》，第3页。

培训制茶技术员和技工"①。经过努力，顺宁实验茶厂在不足一年的时间内，初步建成了拥有占地26.9亩，茶园117.42亩、厂房395间、揉茶机4部、烘茶机6部的茶厂②。同时，茶厂还设立了厂长室、生产室、业务室、总务室等部室，拥有初、精制技工32人，以及若干技师。当年，机制新型"滇红"即试制成功，并生产出第一批"滇红"茶500担③。

在开局良好的态势下，顺宁实验茶厂又进一步配置生产机器。1940年，顺宁试验茶厂又增置了揉茶机2部、手摇揉茶机30部、兽力揉茶机3部、烘茶机1部、筛分机12部、切茶机2部、拣茶机1部、发动机3部、发电机1部，其中切茶机2部系从印度购进。这一年，系茶厂建设史上机器购置最多的年份，茶厂的生产能力获得了极大的提高。其后，1942年、1944年，茶厂又分别增购了发电机1部、发动机2部，生产设备形成了良好的配置④。

此外，云南省中国茶叶贸易公司还于1940年在今天的勐海县建立了佛海茶厂，有厂基40亩、厂房50间，除收制红茶外，还兼制紧茶、圆茶。1942年缅甸被日军占领后，佛海茶厂因接近前线，"乃暂行保管"，处于停滞状态。

至1944年，以顺宁实验茶厂为主，辅以佛海茶厂，云南共出产红茶49345市斤⑤。

① 冯绍裘：《"滇红"史略》，第3页。
② （民国）云南省通志馆编：《续云南通志长编》卷七十三《工业》，云南省地方志办公室整理，1985年，第432页。
③ 冯绍裘：《"滇红"史略》，第3页。许文舟则认为："1939年生产滇红茶16.7吨。"（许文舟：《冯绍裘与滇红茶》，《贵州茶叶》2015年第4期。
④ （民国）云南省通志馆编：《续云南通志长编》卷七十三《工业》，云南省地方志办公室整理，1985年，第432页。
⑤ （民国）云南省通志馆编：《续云南通志长编》卷七十三《工业》，云南省地方志办公室整理，1985年，第434页。

顺宁实验茶厂创制出来红茶，云南中国茶叶公司最终将其命名为"滇红"，经香港销往伦敦等欧洲市场，"国际市场齐加赞赏，认为外形内质都好，可与印、斯红茶媲美"①。

四、"滇红"创制的历史意义

首先，"滇红"的创制，开中国机制茶叶之先河。中国产茶饮茶历史虽然久远，但茶叶的晒青、揉制、烘干、拣选、包装等环节，长期以来均以手工进行。20世纪初以来，为增强茶叶出口的竞争力，虽然采取了一些茶叶的生产、收购，贸易的规范和管理措施，甚至进行统制，但始终未能迈入茶叶机器生产加工的阶段。抗战前夕，祁门、修水等实验茶厂开展茶叶种植改良与生产的改良，为茶叶机制提供了历史前奏。1937年5月成立的中国茶叶股份有限公司更将"机制茶场的设立及经营事项；茶叶生产之辅导及改良事项"②作为其工作任务。中国茶叶公司，尤其是云南中国茶叶公司在开辟西南新茶区，建设实验茶厂的工作中，便将机制茶叶在实际工作中加以试制。冯绍裘在实施红茶机制的过程中，遇到了很多困难，很多机器没有原样，只有靠冯绍裘等根据茶叶生产工序的需要而自行设计，甚至有"承造商不知用途，不敢承造""制造中配件不齐"等诸多困难。最终，通过自制设计、委托制造、市场购买、国外进口等方式，顺宁实验茶厂拥有了揉茶机、烘茶机、筛分机、切茶机、拣茶机、发动机、发电机，形成了颇为完备的红茶生产的机器体系。在云南中国茶叶公司所属的顺宁、佛海、复兴、宜良、康藏五家茶厂中，顺宁实验茶厂和佛海茶厂不

① 冯绍裘：《"滇红"史略》，第3页。
② 景寿伟：《（中国茶叶公司）创立缘起》，贸易委员会档案309（2）-1112，转引自郑会欣《从官商合办到国家垄断：中国茶叶公司的成立及经营活动》，《历史研究》2007年第6期。

但"规模最大"，"就厂方设备而论，国内尚罕与伦比也"①。当然，其中的顺宁实验茶厂又远甚于佛海茶厂。因此，有学者认为，顺宁实验茶厂"结束了我国不生产制茶机器的历史，开创了我国机制红茶之先河"②，这应该是较符合历史实际的论断。

其次，"滇红"的创制，为中国茶叶生产、营销和外贸树立了一个由传统走向现代模式的典范。1889年以来，尤其是民国初年以来，一方面因为国际市场的竞争，另一方面也因中国传统的个体手工生产的特性，导致茶叶品质良莠不齐，致外贸额大幅下降。中国茶界与相关政府部门先后整顿和规范市场，介入和监督生产。以中国茶叶国际贸易公司的成立为标志实行中央实业部、产茶各省政府、茶商三位一体的管理模式，统一经营国内茶叶的产销和国内外贸易；并进行茶叶生产的改良，将茶叶生产由传统茶农茶商个体经营向茶厂机制生产转化，加强茶叶的生产和管理，以科学规范的现代生产和管理手段，提高茶叶品质，扭转国际茶叶贸易中华茶出口衰退。这种持续的努力和探索，在抗战背景下实业部及中国茶界开辟西南新茶区的努力中，最终以顺宁实验茶厂成功创制机制红茶，并在国际上引发赞誉而成为成功实践的个案。虽然因抗战时局的影响，未能达到预设目标，但还是为中国茶业的发展指明了一条光明的道路。中华人民共和国成立后，"滇红"茶出口额长期稳居云南省茶叶出口总额85%的事实，也有力地说明了这一点。

"滇红"作为云南机制茶叶之始，较完美地展现了云南优质大叶种茶

① （民国）云南省通志馆编：《续云南通志长编》卷七十三《工业》，云南省地方志办公室整理，1985年，第431页。
② 许文舟：《冯绍裘与滇红茶》，《贵州茶叶》2015年第4期。

的潜质和优势，形成了与安徽"祁红"、江西"宁红"、湖北"宜红"、湖南"湖红"齐名的中国著名红茶，并在国际市场上受到高度肯定，成为英国女王"置于透明器皿内，作为观赏之物，视为珍品"的茶品。这种地位的取得，继普洱茶之后，极大地提高了云南茶叶在国内外茶界的地位，走出了一条合理利用云南本土"长物"，促进地方经济发展的成功之路。

树形奇特的千年古茶树

机制"滇红"的创制，还对云南向近代社会转型产生了多方面的影响。晚清时期，云南的矿冶、军事等领域逐渐开始出现现代工业，电力行业也在1910年出现了"昆明市耀龙电灯股份有限公司"这样的现代企业。抗战时期，因内地企业及经济资源迁至西南，云南的现代工业企业进入了一个发展高峰期。民国以来，工业日有进步。抗日战争时期，"轻重工业，需要日亟，本省由萌芽渐著成效"①。正是在抗战时期云南工业企业发展的背景下，顺宁实验茶厂建立起了颇成规模的厂基、厂房，配备了制茶各环节的机器设备，形成了管理层、技师、技工到普通工人的管理与生产队伍，是较典型的工业化生产企业，并以自身的发展，促进了云南社会由传统农业、手工业和小商业向现代工商业的转型。同时，在顺宁实验茶厂的建设过程中，还对相关企业提出生产、产品方面的需求。大体说来，为顺宁实验茶厂提供机器设备的有昆明中央机器厂、昆明五金工厂、上海中原铁厂、上海志明厂等企业②。这些企业，因为顺宁实验茶厂发展的需要，而获得了发展的动力。

尤值得关注的是，民国时期云南的现代企业多集中于昆明、大理等地区，而顺宁实验茶厂位于彝族、布朗族、佤族等分布较多的边疆地区，其对边疆各族的带动、影响作用是不言而喻的。在顺宁实验茶厂的建立和生产中，还实现了茶叶生产技术的横向交流与现代化。设厂前，云南各地的茶叶生产多为茶农生产，制成粗茶、商家收购、加工，再分销各地的格局。在建厂的过程中，不但有中国茶叶贸易有限公司、云南中茶公司在资金、技术方面的注入，冯绍裘还是农学专业学者，并是具备多年茶叶生产、研制与经营经验的专家，主导了顺宁实验茶厂的建设与初期运作。同时，冯绍裘通过中茶公司，从内地各茶产区招募了一批技师、技工，引进到顺宁，还对本地茶工加以培训。这些工作，促进了先进的茶学技术、内地的红茶制作技艺在顺宁实验茶厂的传播和应用。这些行为，在保障了茶厂机制红茶现代化生产的同时，也在茶叶的生产、社会经济文化生活方

---

① （民国）云南省通志馆编：《续云南通志长编》卷七十三《工业》，云南省地方志办公室整理，1985年，第339页。

② （民国）云南省通志馆编：《续云南通志长编》卷七十三《工业》，云南省地方志办公室整理，1985年，第432页。

面，实现了科学与传统、内地与边疆的有效交流，最终促进了云南边地社会的发展。

所以，对于年轻的"滇红"而言，做工自然、味道自然的传统红茶才是最好喝的。

"滇红"茶汤

一棵树

文/李向阳

在云雾缭绕，

嘉木苍苍的山间，

屹立着一棵大树。

这大树发出声声呼唤，

这呼唤回荡在山间，

一直，

回荡了三千年。

这声声呼唤，

是如此摄人心魂，

让人无法抗拒。

追寻你的呼唤，

我虔诚而来。

追寻你的呼唤，

我顶礼膜拜。

追寻你的呼唤，

我仿佛，

感受到了，

三千年的悠悠时光。

追寻你的呼唤，

我仿佛，

感受到了，

三千年的日月星辰。

追寻你的呼唤，

我仿佛，

感受到了，

三千年的雨露风霜。

这棵大树啊！

是茶祖，

是茶尊，

追寻你的呼唤，

我虔诚而来。

追寻你的呼唤，

我顶礼膜拜。

浣心茗馨

静听风吟，近嗅茶香

谈 茶

文/喻景忠

与茶结缘，自然而然

我家住湖北随州，随州之北就紧挨着河南。中原地区有一座名山——大别山，是淮河的发源地，主要产出小叶种茶，其中有一种叫"信阳毛尖"的绿茶，当地人几乎都在喝。

20世纪末我在欧洲学习交流，当时整个亚洲除了少数国家，以及中国香港、台湾地区外，其余国家去欧洲学习的人较少。如同改革开放初期，中国内地人看到高鼻子蓝眼睛的洋人会感觉很稀奇一样，洋人们看我也是如此。后来他们和我相处久了，慢慢熟识后才好奇地问我："Mr.喻，中国是茶的祖先，中国最好的tea是啥？"我就脱口而出——信阳毛尖！

学习归来，欧洲大陆部分"皇族、贵族后裔"们，受英国皇室影响，也渐渐时兴喝茶，就有欧洲的朋友希望我能帮忙买点茶寄给他们。从那时起我才真正地开始了解、熟悉我们国家的茶，也才知道了茶的植物学分类，知道了茶有大叶种茶、中叶种茶和小叶种茶，我不是植物学家，没有进行过专业的研究，自己猜测中叶种茶的出现应是大叶种茶树或小叶种茶树由于气候、环境再加上其他各种因素交织影响而形成的，是适者生存、自然进化的结果。

茶有六品，顺应时序

中国有着悠久的饮茶历史，对于茶的种类，依据其制作工艺、色香味之特点、保健作用等也可进行细分，我认可的定义是茶分六类——绿茶、青茶、白茶、黄茶、红茶、黑茶。六种茶类制作工艺不同，保健功能自然也有所不同：这些不同的茶类与天干地支、天地循环、十二时辰等自然规律能形成天然的吻合。茶有六类，可分六品，结合我个人的生活习惯，我为自己总结了一套日常茶饮规律：早上喝绿茶，中午饭前喝白茶，午饭后通常喝陈皮普洱茶，下午三点前后常喝普洱生茶，到下午四、五点钟喝红茶，晚上因养生安

一茶一心境

眠则喝普洱熟茶。这就是我个人之于茶分六品的浅见。我之六品非六类茶皆饮，而之于不同的爱茶人，如何选择亦当以适己为宜。

茶按照六品来规范有没有道理呢？这是我个人做出的主观色彩浓厚的区分。这些茶的制作工艺有何差别？最终体现在其色、香、味、浓度的不同，倘若以此加以区别并掺入些许文化内涵，品赏之，如同色彩变幻，给人以不同的感悟，定能带来强烈的灵魂冲击。

为什么早上喝绿茶最好？因为喜欢熬夜工作的人晨起时头脑昏沉，需要醒脑提神的清新之感；晨饮绿茶，先闻扑鼻清香，便能激发出一种蓬勃的朝气，在淡淡茶香中开启崭新的一天。

为什么上午时段要喝白茶呢？于我而言，工作到上午十点半钟左右会进入一个短暂的释压调整时段。这时要让先前的工作压力得到适度的释放，与此调节时段高度契合的茶——隐约，似乎无味，却隐淡香，谓之"淡而无味，此乃大味"的白茶。白茶润喉，细品时光，稍事休息，自然能体会"一年茶、三年药、七年宝"所言不虚。

午间喝陈皮普洱茶有何好处？陈皮，能温养脾胃，可以说和普洱熟茶一见如故，饭后喝陈皮普洱茶，清润、醇和、解油腻，最适合不过。

下午三点前后喝普洱生茶有什么好处？此时段正处申时，人体膀胱经当值，多饮茶有利于运化，普洱生茶清热解毒，午后喝一杯，生津、解渴，能很好地补充水分。

下午五六点钟喝红茶尤佳。常说红茶茶性温和，一日工作完成后，人需要一个放松心态、回望天地的缓释期。红茶，茶汤颜色就非常符合中国人尚红的审美习俗；且红茶之红，有一种夕阳西下的深沉之美；红茶的醇厚与柔和，完美地烘托出一种温暖、舒适的氛围。

古树茶芽

为什么晚上喝普洱熟茶比较好呢？早年我对黑茶不了解，后来偶然出差到湖南怀化，那阵子我通常白天睡觉晚上工作，夜间喝绿茶对胃刺激太大，有胃病的人更受不了，而喝红茶又总让我觉得自己处于一种闲散的状态，不想工作。这样的状况下，黑茶带给我了非常理想的深夜陪伴，后来我又接触到了普洱熟茶，被这种厚重、质朴、醇香的茶所吸引，我研究学术要求思维清晰、逻辑严谨，普洱熟茶正好符合我的需要，试着喝一喝，居然越喝感觉越好！

茶之四韵，香、厚、情、道

茶之香

不同地区的茶都有香之芬芳，谈茶的第一个字总离不了"香"。不同的茶有其特有之香，有的是清香，有的是浓香，有的是醇香，有的是带着优雅之淡香。

小叶种茶之香，是鲜爽之香，当年采的新茶含有涩香之味，所以绿茶的味道总有点苦。而普洱茶呢？以生普（普洱茶生茶）为例，即便是当年的生普，滋味再霸道，香味也是以清香为主。我将这种天然的差别称之为叶种之香，大叶茶的清香是内地小叶茶和中叶茶所替代不了的。

茶之厚

判断茶好不好喝，常用醇厚、绵厚两词。醇者，回甘也；绵者，悠长也。另外就是厚，其一是匀厚：凡是工艺过关的普洱茶生普，泡第一道，香入喉舌；第二道，香通五脏；第三道，香满六腑；……第十道，香拂身心；第二十道，仍然香飘四溢！此乃茶之匀厚也！对于小叶茶和中叶绿茶也有句顺口溜："头道水，二道茶，三道四道是精华，五道六道杯害羞，七道八道羞人呐！"茶之长久匀厚，要看品类。还有一种厚，乃雅厚。

喻景忠老师与刘玲玲谈茶

为何饮茶能上升到文化的高度？因为诸如普洱之类的茶饮，常常越品越有味道，越回味越有故事，饮时唇齿留香，喝罢回甘无穷。这种美妙的感觉，源自名山，随云扩散；穿越时空，回望千年；茶助琴曲，棋行茶绵；挥毫茶厚，画中茶仙；诗有灵韵，酒与茶伴；花绽芬芳，佳话成篇。温馨不绝，雅俗共鉴，便造就了茶文化之大成。

茶之情

情。茶与情是怎么扯上关系的呢？

一是终生难忘之情。一叶，一芽，一生情。每年春天，茶树枝繁叶茂，而我们只采茶尖上的一叶一芽，这自然而珍贵的味道，叫人终生难忘。世上还有哪种植物能达到这么高的境界？

二是缘中情，情中缘。一品一饮，一近一远，有些人相遇千万次，次次品茶如初恋；还有些人，过去从来不认识，但因偶遇共饮一壶好茶，而找到了共同的理念和认知，便从此相识，相知，相惜。所以人们常说："有人天天相见，犹如没见，有人一生只见一次，却愿终生赴缘。"道理便在于此。

三是友情与真情。当你对茶有需求、有认知的时候，当朋友们一起品茶达到最高境界的时候，会忘记彼此的年龄、性别、工作性质，以及彼此的社会地位和财富，此时，大家都只有一个身份——茶友（或茶客）。

四是升华之情。茶情的升华是指喝茶喝到极致的时候会有一种放空效果，达到一种可以什么都不想，全身放松、无忧无虑、无困无扰的境界。

谈到这里，就想起我年轻时的一个小故事。佛教协会前会长赵朴初老先生的书法很好，是我景仰的书法家，按说我这个无名之辈，不信佛也不烧香拜佛，不应有缘认识老先生，但一个很偶然的机会就碰到了他，我们无意间就聊到了茶，后来老爷子居然送了我一款储藏了有四十年左右的老白茶！我估计到今天全国能找到的老爷子送出的茶也不会太多！荣幸之至。老先生告诉我：后生载德，任何文化、任何理念最后达到极致都是——殊途同归。他告诉我，吃斋、念佛、悟道、悟禅最后达到的境界是放空，茶的最高境界也是放空。这个词用得太妙了！"放"是什么呢？放下一切烦恼；"空"又为何？当你去感悟某件事的时候，灵光乍现、豁然开朗，那种顿悟的感觉，就是了。

茶之道

聊了关于茶的香、厚和情，最后还有一个字——道。

其一为自然之道。自然之道在于茶树生长环境、土壤条件的千差万别。茶对自然环境的选择非常苛刻，说"高山峻岭、云蒸霞蔚之地出名茶""好茶天生"就这个道理。何曾听过平原茶好喝呢？好茶就必须得长在山上。即便人工种植的茶树，开辟的茶园，也是层层叠叠模拟山地的环境，这表明了茶对自然环境的要求。此外无论海拔高低，好茶生长之处一年四季总是云雾缭绕的——茶需要足够的湿度。说起云雾，我又想到一个故事，关于知名作词、作曲家王立平的。他写的《枉凝眉》开头第一句："一个是阆苑仙葩，一个是美玉无瑕。"一个形容林黛玉，一个形容贾宝玉，这歌词是怎么来的呢？王立平教授是满族人，但他受关内生活习惯影响，亦喜喝茶，然而北方不产茶，他对于茶叶产地环境的了解来源于他人描述：茶自东海"仙山蓬莱"而来。这描述给人以联想：蓬莱有茶？那么那里的茶树一定是在云雾缭绕，面朝大海的名山大川里生长的，东海之外有仙山，仙山云雾育名茶；还有西湖——西湖龙井的核心产地在一座叫梅家坞的山上，西湖氤氲的水雾滋润出龙井茶香！一次喝茶的时候，王立平教授同我们谈及黛玉，说她是"山中仙境藏仙云，仙中自然生仙女"，如此这般，佳句偶得，茶生于自然，亦循自然之道。

其二是启迪之道。茶本身有明神、静心的功能。很多搞文艺创作的人基本上都是爱茶之人，所谓琴、棋、书、画、诗、酒、花、茶，茶放置于最末，这收尾收得节制，收得精致，这是启迪之道。

其三为传承之道。每一种茶都有不同的健康功能和文化传承，从而达到原生态的社会服务功能。云南作为茶的发源地，茶马古道实质上是世界性的社会服务之道，人类健康的传播之道，更是不同民族饮食文化的交流之道。如果纯粹把茶马古

斟一盏芳茗

道视为商品交易的形态，就严重贬低了茶文化和中华文明由此向世界的传播方式和路径。常言道"读万卷书不如行万里路"，到不同的地方可以尝试找不同的茶舍坐一坐，品一品，不同的茶叶都有不同的传承故事、传承理念、传承特色，这便是传承之道。

其四乃青春之道。中华文明迤逦五千年，总有很多东西会在时光长河中慢慢淡化甚至消亡，唯独对茶的传承无论在哪个时代、哪个阶层都从未消亡断代过，甚至衍生到不同时代、不同社会、不同群体、不同民族时，在代代传承中更加青春不老，数度繁花盛开，不断被赋予新的内涵。譬如日本茶道是从中国传入的，但是基于日本文化、人文和民族性格，又被赋

予了新的文化内涵。而今天云南的千年野生古树茶，连年不断的春茶带给我们的仍然是青春的气息，而非想象中的老树枯芽、西风瘦马。但也有让人惋惜的事情发生，在市场经济越来越发达的背景下，有些人传承了茶的文化精髓，而有些人却把茶极端庸俗化了。

茶之未来，何去何从

普洱茶为何永远青春靓丽？原因有很多，但最重要的是它的外表永远质朴无华，无论它本身有多么昂贵，但包装依然如故，简朴归真。可在一部分人眼里，购买茶叶主要还是看包装，倘若一饼茶值3万块钱，那包装至少也得用1万块钱的来配吧？有的茶价值3万块钱，包装费恨不得要搞5万块钱，这种纯商业投机行为的浮躁和肤浅，与茶文化传承的厚重是相悖的。我没资格痛恶，也没资格愤怒，失望也不对，但一些不良现象是我不赞成的。其一，就是今天的市场在无限度地把茶的功能泛化。茶一有保健作用，二有药用价值。所谓"神农遍尝百草，遇茶而解之"，这是指茶的药用作用。如今的泛化却是除了茶的保健、药用价值外，又以商业噱头赋予了它无所不能达成、无所不可配置、无所不可典藏的说法，把茶纯粹泛商业化、泛高端化。再比如有些地方鼓励将茶作为原材料深加工成茶醋、茶酱油、茶饼干等一堆莫名的衍生产品，这些现象是有待商榷的，主观上想赋予推动产业发展的广阔道路，但客观上却是泛化了茶的价值和功能。其二，是过于将饮茶的方式和学识固化。时下有一股风气，让人觉得不采用某些特定的程序、考究的方式、缓慢的节奏、奢华的茶具去品茶，那就算不上是喝茶。实际上如今的生活节奏很快，中国人喜欢走到哪儿都带着茶杯，用保温杯泡茶对不对？有时间坐下来，安安静静地采用专业茶具慢慢品茶对不对？都对。但总不能说采用专业茶具这种方式才叫真正喝茶，而其他方式喝茶就不是喝茶！为什么要这么说呢？日本对茶道的发扬光大，我们应该赞扬，只是日本人那种精益求精和细致入微的精神有时候让人受不了，请日本的教授专家晚上喝茶时常常会生出尴尬，我们在家里不可能有专门的茶舍，泡茶也不专业，水温多少度、不同的茶应该怎么泡都不尽熟悉，但他们不行，他们对这些细节非常在乎！而我只能保证，首先所喝的茶是真茶，其次喝茶的目的是为了保健，它确有其效。我以为，在茶界，须得力争避免这些对茶的几大误区。

最后寄予厚望：希望能坚守好茶的本源，传承好茶的文化，做好茶的事业，树立好茶的人生。

南美乡拉祜族群众　摄影：符立智

南美乡玫瑰果

文/丽亚

　　雨后的南美乡，空气中弥漫着花、草、树木的清香。走进这古朴神秘的村子，在郁郁葱葱的植物丛中，一处拉祜族特色的木屋，若隐若现。我们走进木屋的茶室，围坐在室内中央的火塘周围，主人添加柴火烧水煮茶款待我们。一只只土陶茶碗盛着热香的茶汤，吸引了更多的队员到来，大家东看看西瞧瞧，忙着拍照留影，惊喜不断。屋外又听见罗妈妈的喊声："师母，赶快出来，来看神秘果，非常好吃，全生态的。"我们拥到了屋外两棵高大的树前，已经有人在津津有味地吃着一种青黄色的果子。罗妈妈爬上了一棵树，很快摘了几颗神秘果，转眼就下了树把果子分给大家，让大家都尝尝。当吃出了甜蜜浓郁的玫瑰花香味时，大家都惊呆了，感叹如此美妙的"玫瑰果"，只有在远离喧嚣的地方才会有，藏于深山的神秘果，果然神秘。大家兴奋无比，七嘴八舌，有的说配上红茶制成玫瑰果茶一定大受欢迎。南美乡的小李立刻又爬上一棵挂满神

南美乡拉祜族孩子　摄影：符立智

秘果，哦不，是"玫瑰果"的大树，摘下了满满的两大包"玫瑰果"。王蕾说，要把"玫瑰果"带回昆明，分享给更多的人。在南美乡村的寨门前，我们欢呼着"玫瑰果"，拍下了全家福。这张照片拍得真好，大家都笑容满面，小许陶醉地闭上眼睛微笑着。这些真情的流露很自然，很美丽。

南美乡拉祜族民居　摄影：刘为民

谨拜茶祖

文/萧美兰

人的一生也就七八十年，长寿者可活至90甚至上百岁。据了解，一棵灌木型的茶树寿命最长大约也就70年。随着石阶逐步往山上走，越接近3200年树龄的古茶树，心中就越充满了无言的愧疚以及感动，心情也变得越严肃与沉重。

一路上石阶，心中默默地问：过去3200年无言的它看过多少人世间的悲欢离合以及历史沧桑？

远离人世尘嚣，无忧无虑，不受人贪欲的污染，静静地在丛林中生长，无私供我们使用。

勤恳的凤庆先民识其智知其美，不断的研究创新与坚持成就了今日的凤庆琥珀美浆。

3200年后，它依然屹立在高山之巅遥望人世。千年岁月没有消减它生存的毅力。今天持续发芽，努力开花结子繁衍。

在茶祖面前我们何其微小。千百年它无言无语，依靠自然，与生态融合，无私付出。茶祖能，我们又有何借口不能呢？

瞻仰千年古树时，我微小，我谦卑，为中国茶与中华茶文化努力，不问为什么，只因我能，我乐意，我必须。

茶祖　摄影：郑楠

普洱茶赞

文 / 周铭

三千二百年前	伊	啊
伊	容纳得了天地	何须
从浑沌中	味淡	将伊
款款地走了出来	伊	藏在幕后
莞尔一笑	驱逐得了阴霾	理合
雾散云开	那	将伊
伊	流溢的神水	推向前台
义无反顾	是伊	我愿意
融进了国人血脉	完美地对	而且
伊	优雅的诠释	只愿意
永未止步	那	为伊
只为	绯红的汤色	消得憔悴
树立起中华	是伊	终身不悔
恢宏的气派	淡定地对	渐宽衣带
壶小	物欲的释怀	

· 167 ·

茉莉红茶之美

茉莉花儿香

文/丽亚

　　芷兮茶苑每周日下午的申时茶，是茶友们固定的品茶时间。今天的茶品是茉莉花茶。含苞欲放的花骨朵在绿叶中迎接着阳光，盛开的白色小花，朵朵层层叠叠，伴随着清新淡雅，幽远沉静的缕缕香气，融入了今天的芷兮问茶。茶与水相遇，花绽放，茶如梭，旋转中的轻歌曼舞，汤色黄绿明亮，叶底嫩匀柔软，连连飘起的花香，把你带到了美丽的花园，闭上眼睛，静静地冥想，白色的花瓣飘入了心里，总觉得伸手就能够着一束束茉莉。入口时，滋味醇厚鲜爽，清凉入心，淡淡一杯，清雅悠然。看着红梅泡出的茉莉花茶，随着花开了，香飘起来了，沁人心脾。闻也香，品也香，人人喝到花香、茶香，人也变香了，茶苑溢满了香。

芷兮告诉我们，茉莉花茶，是将茉莉花与绿茶拼合窨制而成的传统花茶，滋味鲜爽醇厚，花香轻盈，除了观赏价值，茉莉花最为人所知的就是作为茶饮的养生作用。花茶窨制就是让茶坯吸收花香的过程。茉莉花茶的窨制是很讲究的。有"三窨一提，五窨一提，七窨一提"之说。就是说制作花茶之时，需要窨制三到七遍才能让毛茶充分吸收茉莉花的香味，每次毛茶吸收完鲜花的香气之后，都需筛出废花，然后再次窨花，再筛，再窨花，如此往复数次，才能完成。芷兮茉莉花茶，经过了"平、抖、蹚、拜、烘、窨、提"七道传统工艺制作，氨基酸和茶多酚提炼的劲道自然，迷香持久！茉莉花茶既有绿茶清新爽口的茶味，又兼具茉莉花的鲜灵芬芳，其香气持久。经过一系列工艺流程窨制而成的茉莉花茶，具有安神、解抑郁、健脾理气、抗衰老、提高机体免疫力的功效，是一种健康饮品。

茉莉绿茶茶汤

一叶，一花，落入凡间，竟然成就了我们生活的趣事，茉莉与茶的融合，较好地凸显了它们各自的优点，香型、口味、功效的完美结合，也让有茶的日子更加完善和谐。

清茶一杯

冰岛的古茶树

冰岛茶三味

文/丽亚

　　第一次去冰岛老寨时，因为车子进不了村，是顶着太阳走路进村的。十多公里的路程，大家都累得气喘吁吁的，没了在车上的嬉笑，只想着赶快进村，喝茶。来到一家初制所，通透宽敞的晾晒大棚里有一张大板茶台，上面放着各种茶具，刘玲玲用乡野粗犷的杯、碗、碟、壶泡着新制的冰岛茶，清香微涩，冰甜解渴，润了嗓，提了神。队友们欢呼好喝，太好喝了，不知是走得太累了，口太渴了，还是冰岛茶真的好喝，谁也顾不及品说。只是不停地一杯接着一杯地喝，连连说，喝一杯好茶不容易，千辛万苦才喝到。当时觉得很好喝，现在想起来的滋味还是很好！但形容不出来。

第二次在大家小院，大妹子带来了毕老师收藏的冰岛茶与我们分享。喝茶时的情景现在仍记忆犹新：晚间时分，一个花香满园的小院，月亮高高地挂在天空，星星闪着眼睛好像在讲故事。一群朋友在一起聊天、喝茶，特别的兰花香味，溢满茶席，品饮一口茶汤鲜爽、甜润。与其他地区的茶有鲜明的不同。茶汤入口先是平淡后层次渐丰，三泡以后茶汤中茶味渐浓郁，茶的滋味开始富于变化。喉咙深感清凉并带有回甜，两颊生津，持久如泉涌。品饮过冰岛茶的杯子，再闻，可闻到浓郁的花香和冰糖的甜香，美的茶品、茶景、茶情、茶人融入了那一时段小院优雅芳香的茶韵。

第三次品冰岛茶味，是在贺开茶苑，小娟的哥哥泡了一款秋冰岛，几个人喝了起来。有点疑惑，这茶的黏稠度很明显，只是苦底明显，涩度适中，回甘较慢，一直等一直等，终于有回甘。连续几天又喝了数次，对这茶有所了解和感悟，归纳下来，冰岛茶的主要特点：汤感饱满，黏稠度高，有糯感，苦涩柔，入口即化，涩味生津。汤色金黄透亮，挂杯香为花果香及蜜香。水路柔弱细腻，气韵内敛，回甘绵缠，入喉气息饱满。汤水挂齿润滑。耐泡，稳定。清凉肺腑。口腔、咽喉食道清凉到胃肠。清凉之气，丰盛满足，是灵魂之气。

一款好茶，要有了解它的人，才能让它发挥最佳的状态。茶就是饮品，一种健康的饮品，有缘千里来相会，品鉴时的乐趣就在于内心深处。一叶一份情，一饮一自醉，喜欢品饮时的状态，静静的……

都叫作冰岛茶，却有着不同的滋味，说奇怪也不怪。普洱茶的奥妙也正在于其丰富的变化和未知。

冰岛茶汤

冰岛茶园寻觅

文\丽亚

　　第二次踏入冰岛老寨这个茶园，已经有了惺惺相惜的感觉。独特的自然环境，茶是真的好！冰岛的地理环境、土壤、气候非常适宜种茶。冰岛老寨在勐库邦马山脉北段的半山腰上，紧靠北回归线北侧，海拔1400～2500米，年平均气温18～20℃，年降水量1600毫米。勐库干湿季明显，在干旱的季节，茶树必须把根扎得很深，才能获取足够的水分，茶树根扎得深自然获取的养分也就更多，冰岛土地多数为红、黄壤，天然有机质及氮、磷、钾等元素含量丰富，不使用化肥、农药等，是纯天然、无污染、原生态的茶叶。

冰岛茶花

今天到了这里，看着这些茶树，真想拥抱它们。想着它们的沧桑不易，看着它们的美丽依然，越发心生敬意，情涌爱怜，感慨万千。在一场大雨之后的相见，如同好朋友碰面，空气里的清新脱俗，

茶山行

伴随着茶花绽放，白瓣黄蕊，娇小可爱，茶枝挂果，褐色的果仁，绿色的果壳露出了笑脸，枝头的嫩叶跃跃欲试，挑逗着采茶的姑娘。刚刚走过一群头戴斗笠、身背竹篓的采茶姑娘，她们身着白底蓝花的对襟衫，采茶的手儿如此灵巧，指尖在鲜叶上舞蹈。如此多娇的场景让我惊艳，我情不自禁地走近茶树，轻轻地抚摸着树干和叶片，慢慢闭上眼睛，嗅着茶树的清香，听着叶片的窃窃私语：又一个爱茶的人，谢谢！

此时，芷兮采风团成员梦晴正伸开手掌，将一枚茶花展示给大家看。普洱茶花，古人很早就有记载了，"茶圣"陆羽在《茶经》中就用"花如白蔷薇"来形容茶树花。茶树花有花蜜的香味，开花时会吸引蜜蜂或其他小虫来吸食花蜜。茶树花是茶树的精华，它既有茶的清香，又有花蜜的芬芳，气味浓郁，口感回甘。普洱茶花也可作花茶泡喝，清甜可口，略带苦味，又比普洱茶来得清淡，花香味浓，最适宜女士饮用。我们几个女士将梦晴围了起来，都非常虔诚地看着这枚茶花，细心地嗅着花香的味道，辩着它的香气，有的说是兰香，有的说是蜜香，也有的说是桂花香。忽然意识到茶树旁栽有桂花树，此时也正是开花的季节，香味互相交流，互相融合，真是一件有益的事情。

冰岛老寨的茶王树是必须要看的，还要再次留下纪念照。这棵冰岛茶

冰岛茶芽

王树高6米左右,基部直径30厘米,是纯正的勐库大叶种中的大黑叶种,树龄根据历史记载应该在500年左右。如此珍贵的茶树,光是站在它身边都感觉特别的激动,心中有一份惦念和不舍。看着茶王树,在刻字石碑的两边照张相是大家希望的。队员们轮流去拍照,向阳老师在树下不停地寻着,仔细捡起茶果来,杨老师、周老师也蹲下找起茶果来。一个个童心未泯,认真的态度感染着我,他们都准备将茶果带回家去栽培,好好养一棵茶树,爱茶的心情自然流露。

云大艺术学院的杨教授边看茶树边说:"看到这些茶树,感觉它们如此沧桑。它粗壮的枝干,以及满身的青苔,让人觉得它的不易。"

我抢着话说:"看到这些茶树,我感觉它们生机勃勃,枝繁叶茂,花儿开,果子笑,一副欣欣向荣的景色,你看到的沧桑感,是指岁月留长,我看到的勃勃生机,是希望的象征。"

一旁的罗妈妈说:"师母,你喜欢茶树的花,我却喜欢茶树发新芽的样子。每年4月,来到茶山,一片绿油油的景致才好看呢,就是你说的生机勃勃,有希望。"

其实不管从哪个角度看这些茶树,都觉得美美的,希望这些一直生长的茶树越来越漂亮,也越来越优秀。

藤条茶

文/丽亚

　　今天去坝糯村，早上7点出发，汽车顶着蓝天，棉花糖似的白云连着窗外两边的树木花草。在阳光下的山里，茶友们的心情格外明媚。8点多钟，来到了传说中的"西施"手工米干小吃店，人果真很多。"西施"外出了，有个中年男人在制作米干，程序不简单，一会儿在缸里淘米浆，一会儿在锅里蒸米布。木架上准备下锅的米干条白净透亮，入水煮沸就成了一碗碗让人垂涎欲滴的米干，佐料自配，咸辣酸麻香鲜甜各调滋味。一人一大碗，眼大肚皮小，又吃多了。哈哈，等着爬山消化呢。餐后继续前行，不一会儿就到了坝糯村，下车行走了20分钟来到藤条茶园。

藤条茶园漫步

　　藤条茶是因为茶树的形貌而得名的，这些经过人工修整培养出来的茶树，身姿秀美，树枝成条状，曲柔修长，树枝无叶。主干和岔枝裸露可见，一棵茶树能长出几十根上百根又细又软的藤条树枝，而且很长，有些长达五六米，茶叶就集中在树枝尖端。每年春芽生发后，芽叶都集中长在主藤和岔藤尖端，采摘时只采一芽一叶，留下一芽两片嫩叶的两支茶头第二轮再摘，多余的芽和叶带根连蒂全部除去。这种留采法，鲜叶嫩而规整，无老梗老叶，晒干后一个个芽头茸毛厚密，颜色银亮。这样，藤条没有多余的叶子，营养集中在少量的叶片上。其独特的采摘方式，保证了藤条茶少而精的优特品质。

　　藤条茶主要生长在临沧勐库茶区的坝糯，滋味独特，茶气高扬、高香、强而有力，气足韵长。口感丰富饱满，甘甜质厚，生津持久，协调度好。坝糯当地的高海拔、低气压和相对稀薄的空气，利于加快茶树水分蒸腾，使得茶叶内芳香物质更加丰富，茶香高扬浓郁，香气馥郁，冲泡后杯底留香持久。坝糯是勐库东半山海拔最高的古茶园，茶树能够受到更多的

藤条茶婀娜的枝条

藤条古茶林

太阳光照射，积累更多的营养物质；而坝糯夜晚气温低，茶树内营养物质消耗较少。多积累少消耗，使得坝糯茶的内含物质较为丰富。现今树龄最大、最古老的藤条茶树就在坝糯，坝糯素有"藤条茶之乡"的美誉，有保存最完整的藤条茶古茶园。

在迷人的古茶园，我迷路了，居然找不着返回的路径。远离了茶友们，四处张望，无一人，又不好意思大呼小叫，心里害怕，慌慌张张，脚一滑，摔倒了，手机也摔到很远的地方，我在地上躺了许久，等疼痛减轻了，才起身捡起手机。幸运的是手机正常，联系上了向导，回到了出发地，见到大家时，才觉得手腕痛得厉害。大家都围拢来想办法为我解痛，随队的陈医生立即用自家祖传秘方药膏给我敷贴，十分钟就减缓了疼痛。下山时松涛一直搀扶着我，一路上大家都在为我跑前跑后，让我十分感动。

那次茶山行，我没能与藤条茶树合影很是遗憾，但想起当时的情景却历历在目、清晰可见。

一棵茶树，一座茶山，一段茶事，让我对藤条茶情有独钟。坝糯寨之行留下的深刻记忆，印存了我的心像，使我的茶生活有了韧性。

云海日出　摄影：刘为民

茶味生活　品人间百味

文/夏惠芸

　　茶味生活，品味生活的味道。

　　近十年来，喝茶渐渐多了起来，喝茶的习惯却养成于幼年。

　　20世纪70年代，物资紧俏的时期，对于生活在供销社院子里的我来说，中茶普洱砖茶、下关沱茶、抹茶、散茶可谓记忆深刻。记忆中，家里不会缺茶，自己总会端起父亲被茶垢染得黄黄的茶缸喝上几口，其实生活离茶很近。

父亲的茶缸刻有时代印记，是一个白色的搪瓷大口缸。

泡抹茶与绿茶，只需往口缸里投茶，水壶里的水往口缸里一倒，盖上口缸盖子，就这么简单。

时间充裕时，父亲也会喝普洱沱茶、砖茶。弄一块茶放进带口的陶茶罐里，在火炉上文火焙茶，然后冲一泡水，茶香四溢，满屋子都是茶香。

那时喝茶，喝的是爸爸的味道。

柴米油盐酱醋茶，寻常百姓家的味道。

在特殊的年代，喝茶对应的是人间百味。对于绝大多数的老百姓来说，家里有茶可是待客之道，虽然喝茶不会像今天这样讲究，各种瓷器，陶器、银器，琳琅满目。

有茶，也是一种满足。

茶于我父亲这一辈人来说，生活中茶的滋味，带来的是安适的幸福感。

一个搪瓷大口缸、陶罐便成了一个家庭的茶味生活，有滋有味。

与先生结婚后，婆家的茶味生活又走进我的生活。

第一次去婆家丽江永胜毛家湾，让我印象最深的当是酥油茶。走进偌大的有着上百年历史的四合院，婆婆盛上一碗黑黝黝的油茶递给我。第一次端着这样的茶，面有难色地喝了几口。说实在的，品味不出真正的味道，体验不了地方文化，也就无从感知茶的味道。

丽江永胜历史悠久。古滇本无汉民，散居在云南各地的居民，隔山不同俗。

永胜边屯文化自明朝洪武十五年大量汉族入滇开始，后形成了多元的地域文化。油茶制作工艺也很特别，一把生米炒黄，加上已经加工好的麻子油，放上一小撮茶，再放上一坨猪油，不停地煮，直到香味扑鼻。

女儿出生后，婆婆曾来帮我带孩子，才不到一个月，她就思念家乡，思念油茶，以致饭不香，茶无味。最终婆婆还是回到故乡，因为与油茶相伴终生，不可一日无茶。

永胜油茶家家有，茶马古道上一碗油茶的意味，于先生这样从小在外读书，一别就是多年的游子来说，就是他的乡愁。每次回家，勤劳的弟媳妇一大清早就在厨房里打油茶，直到满院子的香味，全家人才起床喝油茶，开始美好的一天。

这些年，来来往往，走的山多，喝的茶也多。

记得20世纪90年代初去大理开会，那时的"三道茶"可谓红极一时。初识大理白族"三道茶"，也是"滋味茶道生活"的开始。

"三道茶"的历史最早可追溯到南诏大理国时期，当时大理国佛教昌盛，寺庙众多，饮茶之风盛行，茶也就成了寺庙中日常饮用、佛事供奉、招待香客和游人的必备饮品。一时之间，民间争相效仿，使茶饮这一雅事在大理成为一种流行时尚。

大理白族"三道茶"，第一道茶为"苦茶"，第二道茶为"甜茶"，第三道茶是"回味茶"。"三道茶"制作工艺不同，用料不同，滋味也不同。

非遗传承人陈宝义老师制作的土釉陶

"三道茶"寓意人生"一苦，二甜，三回味"的哲理，已成为白族民间婚庆、节日、待客的茶礼。

每次到大理，总会经历一次"三道茶"的

建水柴烧

待客之礼。久而久之，对"三道茶"就再熟悉不过了。品味茶，即品味五味杂陈的人间百味。

大概是因为年龄的缘故，我那时对茶还谈不上真正的喜欢。

十年前，机缘巧合，与人类学秦博士一起做民俗调查，走了云南的几大茶山。在一个雨夜，走进基诺山小普西。走进村长家，一边和村里的老人聊天，了解农耕的变迁，一边围坐在火塘边喝基诺山的茶。一时间，人与人之间的距离近了。第二天早晨起床，云雾缭绕的小普西如同仙境，村后的茶山，也笼罩在云雾中，我第一次体验到了茶的仙味。

那段时间一路前行，布朗山、景迈山、翁基、翁丁……基诺山的云雾缭绕、布朗山的青翠、景迈山的古树苍天深刻地留在记忆中，不可名状地喜欢上了茶味生活。之后走过冰岛、勐库、双江、大雪山、无量山，开始对云南大大小小的茶山有了新的认识。喝茶的印记也逐渐明晰起来，茶味生活方式已经渗透进日常。

走过不同的茶山，品味不同的味道。

曾遇到一位台湾的茶商，说起如何品鉴茶，他把自己年轻时去台湾阿里山寻茶的故事娓娓道来。

据说有一次，这位台湾茶商去阿里山买茶，茶农泡的茶他才喝一口，就立刻说："这茶真难喝。"

茶农不言不语，又接着泡茶，一泡、二泡、三泡 ，茶商终于喝到他喜欢的茶。正欲与茶农谈生意时，茶农说："茶是大自然的馈赠之物，从生长到成品，都是茶人的辛劳。任何一款茶，只有合适不合适之说，哪有特别难喝之语。"说完拂袖而去，不与他做生意。

田园志：生活的美好

之后，茶商深刻反思，再也没有随便评价过任何一款茶。自古有言，说话不可太满，这是修养。

人生何尝不是如此，谁没有经历过酸甜苦辣。茶味生活，生活百味。品茶，也是修身养性。

林林总总喝过各种茶，喝茶的地方变了，心情也不同，茶与人构筑的是一个个丰富的精神世界。

2015年的大年初三，受藏族学生取主之邀，来到雪山下的小村庄德钦茨中。小村庄背靠梅里雪山，面对澜沧江。走近茨中，也走近了藏族人的慢生活。

德钦茨中因为一百多年前几位法国传教士修建的教堂而名扬四海，这个天主教与藏传佛教信仰各一半的村庄，显得非常和谐。

清晨在村里走一圈，8点钟正是睡觉的好时辰，大多还在睡觉。清晨第一柱藏香飘荡在村庄，香格里拉自在的小农自给自足的生活才真正开始。这里家家户户自养奶牛，9点开始挤牛奶，打酥油茶。制作酥油茶先将砖茶或沱茶熬成汁，滤出茶叶，将茶汁装在陶罐里，随用随取。打酥油茶时，先把茶汁取出，加上适量的开水和盐然后倒入酥油茶桶内，放上酥油，上下抽动酥油茶，使酥油和茶水充分融合。10点左右太阳光才会照到村庄，这时人们才开始喝着醇香的酥油茶，吃茶点。

对于悠然喝茶的藏族人来说，茶不仅仅是日常，也是与大自然和谐相处之道。

曾有一位老师与我说："听说夏老师爱喝茶，懂生活。我以为喝茶只是我们大男人的事，以后也让夫人与你学学。"

这句话让我一怔，什么时候喝茶成了男人的专利？

追溯中国人饮茶的历史，起于上古，有的认为起于周，起于秦汉、三国、南北朝、唐代的说法也都有。众说纷纭的主要原因是唐代以前无"茶"字，而只有"荼"字的记载。茶如其字——"人在草木间行走"，在中国人的自然观念里，天人合一就是自然之道，中国是茶叶的故乡，茶因此被赋予了人的文化精神。

想必，茶于古代女人在于茶艺，而不在于品茗。

现代女性将茶味生活演绎得多姿多彩，各种茶艺生活成为雅致生活的一部分。

晋代陶潜曾作诗《时运》云："称心而言，人亦易足。挥兹一觞，陶然自乐。"喝茶与喝酒一样，也有陶然其中的妙趣与滋味。适合的生活方式，就是人生的满足感与幸福感。

茶于我来说，陶然其中，我已经与其融为一体。

饮茶于我是平衡生活的一种方式，让我体味人间百味的"至味生活"。

如今　，在我的家里有三个喝茶区域。普洱茶、绿茶、花茶各得其所。不同时段、不同人群、不同心情喝不同的茶，真正开启了茶味生活。疫情暴发时，远在英国的女儿喝着大雪山的普洱茶，她说："普洱茶真好，想家就喝茶。"

潜移默化，女儿喝茶的水准与段位又比我更高一层。她不知道大雪山，同样可以喝出茶的味道，疗愈思乡的情结。

夏天一场雨的清晨，写下这些文字，看茶台上的植物飘雪。落雪花未央，怡然自得。赋诗一首，我的茶生活，恰是此时的写照：

花开三两枝，一景三色天。

夏雨过后凉，萧瑟亦还暖。

品茶细思量，意趣随处有。

夏暑秋至时，愿花四时开。

2020年7月16日清晨札记

茨中山高谷深，一条土路通往村庄，车行至村里，惊魂未定，着实吓了一跳。看茨中教堂、村子里家家户户修剪得有序的葡萄园，不得不佩服当年传教士的信念与毅力。学生取主一家特别好客，当我把从大理恒温带来的乳饼送给主人时，感觉有点多余。

村里柿子树、橘子树上还挂着果实，核桃树非常茂盛，随处可见。取主带我们往村子里走一圈，斗鸡、打篮球、跳舞各种活动安排得满满当当。葡萄酒开始一天的生活，谁不期盼呢？

记于2015年春节

与先生在梅里雪山下的村庄茨中

一人一杯一盏茶

茶山行祭祖活动

茶乡行

文/杨中碧

芷兮问茶茶乡游，　　　　阿颇谷茶香怡人。

缅宁顺宁双江行。　　　　晨光微熹麋绝顶，

澜沧江岸古茶树，　　　　晚霞钩月论古今。

太阳转身拉祜情。　　　　茶香幽幽承文化，

小湾电站送温馨，　　　　感慨万千所见闻。

品茶育美

文/杨中碧

　　我不太懂得喝茶。在我看来，无论多高档的茶叶，看上去都是一样的枯萎、深褐色的干瘪叶子，能泡出什么奇迹？远不如红的、黄的、绿的……甜甜的果汁、饮料和葡萄酒诱人。

　　在朋友的引导下，我慢慢喝上了茶，爱上了茶。特别是爱喝我的家乡临沧的大叶茶制作的普洱茶。我出生在临沧，却不知道临沧有如此丰富的茶叶文化资源。2019年9月，我有幸应邀参加了临沧"天下茶尊"茶叶节活动。饱览了临沧的山山水水及千年古茶树群，参观了闻名世界的红茶生产基地和阿颇谷茶叶生产基地，参加了"全球茶人祭茶祖"活动，在整个活动中细品了十几种茶品，也品出了一些自己的感悟。

古树茶芽

每次品茶时，看着泡茶的小姑娘将几片茶叶放入杯中，举起盛水壶将沸水缓缓冲进去，几片皱皱巴巴、干瘪的茶叶就在水中上下沉浮、翻滚，并在沉浮和翻滚的过程中慢慢舒展身姿，有的站立，有的横卧，有的沉在杯底，也有的浮在水面和停在水中间，杯里的水渐渐变为浅绿鲜亮（普洱生茶）或红且明亮（普洱熟茶）的茶汤。每次看着这冲泡的过程，品着茶味，我都会慢慢陷入沉思，细品着人生的味道。

大千世界，喝茶的人比比皆是，品茶的人各品各的味道。

在临沧大山里品茶，坐在厚重的实木茶桌前，茶碗也是厚重的陶碗，茶叶是山里茶农采摘制作的没有包装盒的大叶绿茶。山里的水，山里的茶，还有山里的人，大家围坐在一起品着，说着……心，慢慢平静下来，平静得没有一丝杂念；空气，是透明纯净的，纯净得没有任何尘埃。远山、近水、夕阳、鸟鸣，疏疏淡淡，简洁，空灵。时光仿佛停止，人也变得纯粹……

我也会和朋友去茶室品茶，那又是另一番感受。在茶室品茶，其实都

小小茶艺师

云大附中茶文化课

是以茶会友，以茶论道，以茶修身，以茶养性，品味人生，以求得到精神上的享受，注重的是高品位的环境（书画、花草、香熏、音乐等的有机搭配组合）。讲究洁净的茶具、一丝不苟的冲泡技术、完整规范的泡茶程序令人赏心悦目。将醇香四溢的茶汤举至齐眉，这是敬奉香茗的茶礼。每当我接过茶杯，悠悠的茶香扑鼻，再抿上一口，茶香便随着滑入口中的茶汤立刻充满整个口腔，刺激着我的味蕾，让我感受茶的甘甜苦涩。再细细品味，在细品中获得一种宁静，在宁静中回味人生的欢乐和烦恼，感悟人生的价值。在回味和感悟中慢慢品出人生的不易，也品出一种高雅，更品出一种品质。

当然，更多的还是在自己家中品茶。一个人，慢慢品。朋友多给我推荐紫陶茶具，据说紫陶壶"养"好了，即便是不放茶叶，陶壶里的水也有茶香。可我偏偏喜欢玻璃茶具，因为玻璃茶具洁净透明，能让我清楚地观看到茶叶在沸水中缓缓舒展的过程，也能清楚地观看到泡茶过程中茶汤颜色由浅变深，喝着喝着再由深变浅的全过程，仿佛是演绎着人生的颠沛流

离，时光雕刻人生，很有意境。

　　每天用完早餐我就取出自己专属的茶具，为自己泡上一壶上好的红茶或者普洱熟茶。我喜欢静静地观看茶壶里茶叶慢慢沉入壶底，茶汤颜色慢慢加深的过程，甚至经常举起茶壶，透过茶壶里的茶汤去观看窗外的景色，就像是在感受多彩而梦幻的世界。我更喜欢喝熟普洱，茶汤色泽红亮，喝入口中滑润回甘，像一股暖流慢慢浸入肺腑，让我抛开杂念，静心品味……我喜欢坐在阳台上喝茶，听着自己喜爱的古典音乐，一两杯之后，再开始看书、学习、做家务或侍弄花草。一壶茶，无论我是否外出都会陪伴我一天。茶，已成了我退休生活中最好的朋友之一。这个朋友将我从嚣喧繁忙的工作状态慢慢带进平心静气的慢节奏生活，让我渐渐淡忘曾经的烦恼，品出了人生的清寂和禅意；也是这个朋友，让我开始喜爱在品茶时聆听音乐和诗词，感受其中无与伦比的美意；还是这个朋友，让我静下心来，回味近70年的人生历程，更加珍惜多彩的人生……朋友，我爱你！我将与你共度余生。

其实，喝茶只是人们生活中的一种习惯；而品茶，却是一种以茶修身的生活方式，一种烹茶饮茶的生活艺术，一种以茶为媒的生活礼仪。茶文化悠远而精深，其中包含着多重"美"的要素，在品茶中学习和推广茶文化无疑是"以美育美"的绝佳选择。

茶，是一种天惠有灵的植物，它可以随地域、环境、气候以及种类的不同而呈现出多姿多彩的风貌。它那神秘的绿叶，幽香的花朵，以及所有的自然形态和美的气色，能激起人们对自然美的向往和追求。到大自然中去认识茶，了解茶，"自然美育"可由茶而起。

从古到今，在以茶交友中，论古今、对诗词、赏书画，带给人们文学与美学的享受。在芷兮文化茶室里品茶，我分享了"芷兮问茶"茶文化知识和"美诗美文"的欣赏；在玉湖书院里品茶，画中优美的历史传说让我

杨中碧老师

在美图中梦幻遨游；在美术馆茶室里品茶，一堂堂"生活中的美学"课程让我得到艺术熏陶……茶可启智，"文学美育"渗透在品茶中。

茶艺，是一种高雅的品茶仪式。我非常喜爱观看茶艺表演。表演者在净茶具、暖茶具、取茶、洗茶、注水、浸泡、斟茶、敬茶的过程中，优雅的手势、温和的面容、虔诚的眼神……优美雅静的表演仪态，清新简朴的中式着装，处处展现着中国式的"东方之美"。特别是再配上以洞箫、琵琶、古筝等乐器演奏的中国古典音乐，那一曲曲高山流水、思乡之情、琴棋书画和月下朦胧的意境更能传递给人一种静美、高雅的禅意，展现出中国传统文化中的"静、和、雅"的特性。在欣赏茶艺表演时，我总会被表演者动情的举手投足所感染，并有一种想参与其中的冲动，特别想在这具有动情性和视觉感观性的茶文化活动中，改善自己的气质，提升自己的艺术修养。品茶，无疑是美心修德的良好课堂。

美育，是一种情感教育，是一种文化熏陶。美，就在我们身边，等待着我们不断地去发现、感悟、包容和推崇。茶文化正是情感和文化的完美结合体，不仅传递了"茶"的自然美、文学美和艺术美的意境，也彰显出了茶文化的美育内涵，可让你在"心静茶香""淡茶一杯，无事无非""境由心造""宁静致远""上善若水""厚德载物""静""悟""义""诚"等人生哲理的氛围中，以茶香伴着友情、景致、书画、花香等美好的事物，体会中国文化的博大精深，慢慢领悟生活的本质和哲理，感受互尊与和谐，也可让你在梦幻般的茶汤、悠悠扑鼻的茶香中感悟人生。可谓是"以茶可行道，以茶可雅志"，茶品人生，以美育美。

寻茶澜沧

——芷兮文化采风团赴临沧访茶之行

文/谢梦晴

2019年9月20～23日，由云南大学教授团、芷兮文化传播有限公司及滇南古韵、阿颇谷有限公司工作人员组成的芷兮文化采风团受邀前往普洱茶文化之乡临沧，参加2019云南临沧"天下茶尊"茶叶节，探寻这片土地上富饶而神秘的茶山所潜藏的茶的足迹。本届茶叶节由中国茶叶流通协会、

芷兮文化团队寻茶

中国茶叶学会、云南农业大学、临沧市人民政府主办，由云南省茶叶流通协会、云南省普洱茶协会协办。

位于滇藏茶马古道上的重镇临沧，因濒临澜沧江而得名，又因北回归线穿城而过，故又名"恒春之都"。美丽富饶的临沧，东连普洱，西邻保山，北接大理，南与缅甸接壤，加之澜沧江自青藏高原奔流而下，将高山雪水灌溉在这片广袤的土地上，得以滋养出享誉世界的茶叶。由于老别山、邦马山两大山坐落于此，山高路险，运输不便，故自旧时起，茶庄便雇佣马帮运茶，运茶之路漫漫，十分艰辛，茶马古道随之而生。此般高山峡谷、川流不息的特殊地理环境和独特的马帮运输方式，造就了紧压茶这一经典茶叶储存形式。此后经年，坎坷蜿蜒的山道、驮着茶叶的马帮、一路吆喝指挥的马锅头……让这个历经千载风雨的文明城市在阵阵马帮的响铃声中、在盏盏醇香而深厚的茶水里历久弥新。

芷兮文化采风团一行于9月20日抵达临沧。才下飞机，寒意便阵阵袭来，雨后的临沧机场云雾缭绕，煞是迷人，惹得大家频频驻足欣赏，不停拍照留念。走出机场，便看到门口站着两排穿着民族服装的舞者击鼓歌唱，热情地迎接着世界各地的人们的到来，寒意瞬间消散，在这雨天里，大家都感受到了临沧人民最初的浓浓热情。

初探冰岛老寨

怀着对茶山的期盼，采风团成员们迫不及待地踏上了前往勐库双江县冰岛老寨的路途。车行山中，水顺山势，窄窄的盘山路旁即是悬崖，绕山十八盘，车行十八弯，一路上山野里特有的虫鸣鸟叫声、泉流叮咚声、空灵的山涧气息与朦胧缭绕的云雾，共同组成了一幅被云雾幔帐遮掩的古树茶山水墨画。画面或浓或淡，从青、藏青到墨、淡墨，再到烟灰、苍白……与山峰衔接处，层层叠叠延伸开来。以此山之沉稳，纳此水之灵动，如此环境所滋养出的万千茶树，真可谓集山野之精华，汲天地之灵气，无怪乎冰岛老寨茶声名远扬，世人往来如织！

欢聚"天下茶尊"茶叶节

21日，芷兮文化采风团参加了在临沧市举行的2019云南临沧"天下茶尊"茶叶节开幕式，在茶香氤氲中共话临沧茶产业发展，在品茶、论茶中感受临沧浓厚的茶文化。静饮一杯晒青茶，滋滋生津，清爽回甘。此次参展的临沧名茶种类丰富，品质上乘，品味独特，醇香而清新。本届茶叶节真不愧是临沧茶叶的一次大阅兵。临沧的古茶树资源如此丰富，作为世界重要的普洱茶产区，在亘古奔流的澜沧江畔，它逐渐沉淀出流光溢彩的茶文化底蕴，很是令人惊奇！

亲临"红茶之都"凤庆

22日，芷兮文化采风团来到"红茶之都"凤庆，参加了"己亥年全球茶人觐拜茶尊大典"活动。四海茶人汇聚于此，同瞻历经3200多年风雨、古老而有生命力的茶树——锦绣茶尊。它静静地矗立于凤庆这片历史悠久而又安静淳朴的福泽之地。可以说，正是

红茶之都——凤庆

茶尊养育出了质朴纯真的凤庆人。凤庆人之纯、之真、之和，也正是凤庆茶精髓的体现，不为时光流逝所磨灭，不为岁月沧桑所改变，不为山川逶迤所阻绝，而这也正是芷兮茶文化一直以来所倡导和引领着的健康生活方式。

体味阿颇谷茶厂

23日，芷兮文化采风团兴致盎然地来到了本次行程的重要目的地——位于海拔1700多米处的阿颇谷凤庆茶厂。凤庆阿颇谷茶厂是集科研、栽培、加工、茶文化传播为一体的现代企业，拥有优质茶山和辐射可控茶山共4000余亩，环境古朴，气候适宜，产品品质优良。团队成员们跟着王岸柱厂长的脚步，在茶厂中穿行。随着王厂长的讲解，大家对茶的了解逐渐深入，更是有幸体验了部分制茶工序，如杀青、揉捻等。杀青，即将当日采摘回的新鲜茶叶在铁锅里翻炒。那一芽一叶，细小而嫩绿，上下翻滚，

芷兮文化团队在阿颇谷茶厂

随着炒茶师傅娴熟的手法，清新浓郁的茶香便在茶厂弥漫开来。在杨军老师的带领下，大家纷纷上手体验杀青，好不热闹。揉捻，即将翻炒过的炙热茶叶用手在簸箕里反复揉搓，灼热感刺激着皮肤，茶树油沾满双手，略带着淡淡的清凉之香，久久萦绕，我竟不舍得洗掉它。

端一杯小青柑，静静地站在阿颇谷茶厂远眺茶山，柑果特有的香气自然浸润，茶香萦绕着味蕾，眼前满是郁郁葱葱的古树茶园。彼时彼刻，空气清新凉爽，美景如斯，好不惬意，想必"茶亦醉人何必酒"正是如此吧！山水滋养着山茶，山茶孕育着茶人，相互依存，彼此成就。

转眼到了临走之际，虽有不舍，但深知不得不离开。这几日匆匆瞥见澜沧江所孕育出的独具特色的茶文化，如此深沉，又岂是我寥寥数语能够概括得了的呢？再品一口白茶，其鲜，似大雪山的冬释放在那百年古树的春；其爽，似那邈远的风自湖面缓缓而来，余韵无尽悠长……

就让我尽情沉醉于这甘甜醇厚的阿颇谷茶香中，剩下的百般醇美，且交与时间来酝酿。

十五山

文/杨军

距离凤庆县小湾镇锦绣村阿颇谷茶业基地八公里之外，有一处海拔2199米的山梁子，每当月亮圆的时候，青年人喜欢结伴上山，唱月亮。当地人叫那山为十五山，我看更是情人峰。

风野山仙媚眼红，逶迤湿雾夜行中。

秋分月钩出朝日，透洗松林度几重。

茶

文/刘御（原名杨春瑜）

我国茶树多，　　　　　　茶好销路广。

老家在云南，　　　　　　销到内地和边疆，

经冬不落叶，　　　　　　家家饭后有茶香。

青青满山峦。　　　　　　销到世界五大洲，

春茶、雨水茶、谷花茶，　中国茶叶美名扬。

一年三季采茶忙。　　　　多种茶，

茶叶采下来，　　　　　　茶园广。

送进制茶厂。　　　　　　改善生活换外汇，

精工来制作，　　　　　　建设祖国增力量。

创作于1964年，收录在刘御先生专著

——儿童读物《要吃果果把树栽》

沉浸在诗情里的优雅别称

——中国传统茶文化探微

文/周铭

中国是茶的故乡，中华民族勤劳勇敢，是世界上最先认识并种植、制作茶的民族。早在上古时期，传说中尝百草的"神农"就发现了"苦茶"这种植物。茶是中华民族的举国之饮，发于神农，闻于鲁周公，兴于唐朝，盛于宋代，普及于明清之时。位于云南省临沧市凤庆县小湾镇的"锦秀茶尊"，树龄高达3200多年，因其树高10.06米，胸径1.85米，胸围5.84

阿颇谷老树普洱茶园　摄影：刘为民

米，树幅东西11.3米、南北11.5米的纪录荣登上海大世界基尼斯殿堂，荣膺"中国最大的栽培型古茶树"称号，是世界上现存最早的走出森林的茶树，堪称"中华茶文化传播的活化石"。

我国人民对种茶、采茶、制茶和品茶早就有精深的研究和总结。唐代复州竟陵(今湖北天

嫩芽绿叶

门市)人陆羽，一生对茶叶始终怀有浓厚的兴趣，长期坚持调查研究，熟悉茶树栽培、育种和茶叶加工技术，并擅长品茗，他所撰写的《茶经》一书，对有关茶树的产地、形态、生长环境以及采茶、制茶、饮茶的工具和方法等进行了全面的总结，不仅内容丰富，见解也十分精到，尤其是书中所提出的"为饮，最宜精行俭德之人"的说法，被视为中国古代"茶德"的滥觞，也是将饮茶这样一种日常生活内容明确提升到精神层面的一个标志。

如果说陆羽是中国茶业、茶学之祖的话，那么与陆羽同时代，也是其好友的诗僧兼茶僧皎然就是中国茶文化、茶道之祖了。学界有人认为，皎然在茶诗方面首开千古佳作之先河，是"以茶代酒"的积极推广者，是茶叶精神功能及价值开发的探路者，是最早"诗茶会"的倡导者，是茶道理念的集大成者。

以陆羽和皎然为首的一批文人，非常重视茶的精神享受和道德规范，讲究饮茶用具、用水和煮茶艺术，并与儒、道、佛思想融合，引导人们逐渐进入他们的精神世界，由此共同开启了一个茶的时代。而后，以元稹、白居易、卢仝、苏轼等为代表的封建士大夫和文人雅士，在饮茶过程中，更是创作了数量众多的茶诗，从而奠定了中华茶文化的基础。

因为《茶经》的问世，茶开始与文化结缘；因为众多茶诗的传播，茶与文化共生。可以说，《茶经》是中华茶文化的开端，茶诗是中华茶文化的基石。在流传至今的古代茶诗中，除了"茶"这一正名外，还有着众多优雅的别称，充分展现了中华茶文化的博大精深。

"开门七件事，柴米油盐酱醋茶"，"人生有八雅，琴棋书画人常乐，诗酒花茶心自安"。茶，可俗可雅，国人多以茶为好。国人对茶深情厚爱的程度，一定程度上可以从为茶取的名号看出来，值得我们细细玩味。

一

茶　谈及茶诗，许多学者往往将其源头归结到我国最早的一部诗歌总集——《诗经》，认为其中"荼"字即为"茶"字之祖，有"荼"字之诗就是茶诗。据统计，《诗经》中有"荼"字诗句的诗共计七处，即《邶风·谷风》"谁谓荼苦，其甘如荠"；《大雅·绵》"周原膴膴，堇荼如饴"；《豳风·七月》"采荼薪樗，食我农夫"；《豳风·鸱鸮》"予所捋荼，予所蓄租"；《郑风·出其东门》"出其闉阇，有女如荼"；《大雅·桑柔》、"民之贪乱，宁为荼毒"；《周颂·良耜》"其镈斯赵，以薅荼蓼。荼蓼朽止，黍稷茂止"。对于这些"荼"字，尽管目前专家们解释各异，但很多人认为，至少《邶风·谷风》《豳风·七月》《大雅·绵》三篇应为茶诗，"荼"可作"茶"解。因为在这里，"荼"与"茶"的联系表现在四个方面：第一，荼与茶具有同样的口感；第二，荼与茶的采摘方法相同；第三，荼与茶一样都盛开美丽的花朵；第四，荼与茶一样都具灌木形态。

茗　大约在东汉时始用茗来表示茶，现在与"茶"基本通用。唐代孟浩然《清明即事》诗云："空堂坐相忆，酌茗聊代醉。"宋代苏轼《次韵曹辅寄壑源试焙新芽》诗云："戏作小诗君一笑，从来佳茗似佳人。"明代文徵明《雪夜郑太吉送惠山泉》诗云："青箬小壶冰共裹，寒灯新茗月同煎。"

荈　西晋左思《娇女诗》云："止为荼荈据，吹嘘对鼎立。"诗句生动描绘了北方官宦人家的生活场景，说明当时茶已然成为一种老少咸宜的日常饮料，茶饮已比较普及。唐代皮日休《茶中杂咏·茶坞》诗云："种荈已成园，栽葭宁记亩。"

二

酪奴　东晋名臣王导的后裔王肃，原在南齐做官，在其父王奂获罪被杀后，投奔北魏。《洛阳伽蓝记》说他起初仍按南方习惯吃鱼饮茶。经数年之后，在一次朝廷宴会上，孝文帝见王肃大嚼羊肉，又痛饮奶酪，很觉奇怪而问其缘由。王肃回答说："羊者是陆产之最,鱼者乃水族之长,所好不同,并各称珍。以味言之,甚是优劣,羊比齐鲁大邦,鱼比邾莒小国,唯茗不中,与酪作奴。"从此,"酪奴"即作为茶的别名传播开来。明代方文《题刘紫京山人品泉图》诗云:"甘泉香茗胜醍醐,不信前人唤酪奴。"

水厄 据南朝宋刘义庆《世说新语》记载,东晋时期,"王蒙好饮茶,人至辄命饮之,士大夫皆患之。每欲往候,必云今日有水厄"。后来"水厄"逐步演变为茶的别名,流传甚广,历代沿用。宋黄庭坚《答黄冕仲索煎双井并简扬休》诗云:"不嫌水厄幸来辱,寒泉汤鼎听松风。"明代王穉登为唐伯虎所绘《烹茶图》题诗云:"他日千旄能见访,休将水

雨雾滋润

厄笑王蒙。"清金农《湘中杨隐士寄遗君山茶奉答》诗云："答他纱帽笼头坐，水厄虚名直浪传。"

翘英 唐代刘禹锡《西山兰若试茶歌》诗云："僧言灵味宜幽寂，采采翘英为嘉客。"

皋卢 皋卢本为木名，其叶大，味苦涩，看起来很像茶，可以代作饮料，所以用作茶的别名。《广州记》上说："皋卢，茗之别名，叶大而涩，南人以为饮。"唐代皮日休《吴中苦雨因书一百韵寄鲁望》诗云："十分煎皋卢，半楏挽醹酥。"陆龟蒙《茶具十咏·茶鼎》诗云："且共荐皋卢，何劳倾斗酒。"

灵草 唐代陆龟蒙《茶具十咏·茶人》诗云："天赋识灵草，自然钟野姿。"

蓝英 唐代陆龟蒙《茶具十咏·煮茶》诗云："时于浪花里，并下蓝英末。"蓝英末即茶末。唐宋饮茶时，需将茶捣碾成碎末后方可饮用，故称。

绿华 唐代陆龟蒙《茶具十咏·茶籯》诗云："昨日斗烟粒，今朝贮绿华。"

流华 唐代颜真卿《月夜啜茶联句》诗云："流华净肌骨，疏沦涤心原。" 流华的本义是指如水的月光，流华如梦，茶为伴，影相随，细水长流，说的就是茶的香气，一饮一尽一杯茶。

玉蕊 唐代吕岩（即吕洞宾）《大云寺茶诗》云："玉蕊一枪称绝品，僧家造法极功夫。"

愁草 唐代温庭筠《西陵道士茶歌》云："乳窦溅溅通石脉，绿尘愁草春江色。"绿尘指碾成粉末状的茶叶。愁草即春草，人见春草而感怀发

周铭老师在建水十七孔桥留影

愁，因此称春草为愁草，这里代指茶叶。春江色指茶叶绿如春江水色。

鸟嘴 因茶叶状似鸟嘴，故称。唐代郑谷《峡中尝茶》诗云："吴僧漫说鸦山好，蜀叟休夸鸟嘴香。"

嘉草 宋代王安石《试茗泉》诗云："灵山不可见，嘉草何由啜。"

云腴 宋代黄庭坚《双井茶送子瞻》诗云："我家江南摘云腴，落硙霏霏雪不如。"腴是肥美的意思，茶树在高处接触云气而生长的叶子特别丰茂，故以云腴代指茶叶。

清友 宋代苏易简《文房四谱》载有"叶嘉，字清友，号玉川先生。清友，谓茶也"等句，唐代姚合《品茗诗》云："竹里延清友，迎风坐夕阳。"古人是非常崇拜自然的，而且陶醉于美好的大自然之中，体现一种淡如水的品质。

玉爪 因茶泡开后如鸟爪，故称。宋杨万里《澹庵坐上观显上人分茶》诗云："蒸水老禅弄泉手，隆兴元春新玉爪。"

仙掌 明代袁宏道《玉泉寺》诗云："闲与故人池上语，摘将仙掌试清泉。"

先春 早春时茶已吐出嫩芽，故称。唐卢仝《走笔谢孟谏议寄新茶》诗云："仁风暗结珠琲瓃，先春抽出黄金芽。"宋代沈遘《七言赠

杨乐道建茶》诗云："建溪石上摘先春，万里封包数数珍。"

阳芽 阳芽指春茶。宋代梅尧臣《王仲仪寄斗茶》诗云："资之石泉味，特以阳芽嫩。"周必大《茶诗》云："远向溪边寻活水，闲于竹里试阳芽。"

<h3 style="text-align:center">三</h3>

王孙草 唐代皇甫冉《送陆鸿渐栖霞寺采茶》诗云："借问王孙草，何时泛碗花。"

瑞草魁 瑞草魁意为茶乃瑞草之首。唐代杜牧《题茶山》诗云："山实东吴秀，茶称瑞草魁。"

涤烦子 唐代《唐国史补》载："常鲁公随使西番，烹茶帐中。赞普问：'何物？'曰：'涤烦疗渴，所谓茶也。'因呼茶为涤烦子。"唐代施肩吾《句》诗云："茶为涤烦子，酒为忘忧君。"明代潘允哲《谢人惠茶》诗云："冷然一啜烦襟涤，欲御天风弄紫霞。"

茶果

消毒臣 唐朝《中朝故事》记载，武宗时李德裕说天柱峰茶可以消酒肉毒，曾命人煮该茶一瓯，浇于肉食内，用银盒密封，过了一些时候打开，其肉已化为水，因而人们称茶为"消毒臣"。唐代曹邺亦有诗云："消毒岂称臣，德真功亦真。"

余甘氏 宋代李郛《纬文琐语》说："世称橄榄为余甘子，亦称茶为余甘子。因易一字，改称茶为余甘氏，免含混故也。"五代胡峤《飞龙涧饮茶》诗云："沾牙旧姓余甘氏，破睡当封不夜侯。"

不夜侯 晋代张华在《博物志》中说："饮真茶令人少睡，故茶别称不夜侯，美其功也。"五代胡峤在《飞龙涧饮茶》中赞道："沾牙旧姓余甘氏，破睡须封不夜侯。"

苦口师 晚唐著名诗人皮日休之子皮光业，自幼聪慧，十岁能作诗文，颇有家风。皮光业容仪俊秀，善谈论，气质倜傥，如神仙中人。吴越天福二年拜丞相。有一天，皮光业的表兄弟请他品赏新柑，并设宴款待。那天，朝廷显贵云集，筵席殊丰。皮光业一进门，对新鲜甘美的橙子视而不见，急呼要茶喝。于是，侍者只好捧上一大瓯茶汤，皮光业手持茶碗，即兴吟道："未见甘心氏，先迎苦口师。"此后，茶就有了"苦口师"这一别称。

嘉木英 宋代秦观《茶》诗云："茶实嘉木英，其香乃天育。"

白云英 明代朱谏《雁山茶诗》云："雁顶新茶味更清，仙人采下白云英。"

云雾草 清代吴嘉纪《送汪左严归新安》诗云："千年云雾草，早春松萝芽。"

结　语

　　总之，古人茶事，常伴随着风雅；茶在古诗中，亦有着多种称谓；茶于文人可谓挚友，从功效、心情、感悟等多方面去赋予其别名，足可见茶在中国几千年传统文化中的深远影响。中国古代茶诗题材广泛，内容涉及名茶、茶人、采茶、造茶、煎茶、饮茶、名泉、茶具等，尤多褒扬茶在破睡、疗疾、解渴、清脑、涤烦、消食、醒酒等方面的功效，而茶诗中的不少经典名句也逐渐凝练成了具有特定内涵的汉语典故或者成语。

　　末了，再与读者分享三首唐代诗人的经典茶诗，结束本文。

　　其一，为皎然所作的《饮茶歌诮崔石使君》。其诗如下：

越人遗我剡溪茗，采得金牙爨金鼎。

素瓷雪色缥沫香，何似诸仙琼蕊浆。

一饮涤昏寐，情来朗爽满天地。

再饮清我神，忽如飞雨洒轻尘。

三饮便得道，何须苦心破烦恼。

此物清高世莫知，世人饮酒多自欺。

愁看毕卓瓮间夜，笑向陶潜篱下时。

崔侯啜之意不已，狂歌一曲惊人耳。

孰知茶道全尔真，唯有丹丘得如此。

　　此诗是一首浪漫主义与现实主义相结合的诗篇，作者激情满怀，文思如泉涌，从友赠送剡溪名茶开始讲到茶的珍贵，赞誉剡溪茶清郁隽永的香气，甘露琼浆般的滋味，在细腻地描绘茶的色、香、味、形后，生动描绘了一饮、再饮、三饮的感受（即一饮达到涤昏寐，二饮达到清我神，三饮达到得道），表达了佛家禅宗对茶作为清高之物的理解和对品茗育德的感悟。值得注意的是，该诗首次提出"茶道"两字，可以认为皎然实为中国禅宗茶道的创立者。

其二，为元稹所作的别具一格的宝塔诗——《一字至七字诗·茶》。其诗如下：

茶，

香叶，嫩芽。

慕诗客，爱僧家。

碾雕白玉，罗织红纱。

铫煎黄蕊色，碗转曲尘花。

夜后邀陪明月，晨前独对朝霞。

洗尽古今人不倦，将知醉后岂堪夸。

此诗第一句，就点出了茶这一主题。第二句指出茶的本性为味香和形美。第三句采用的是倒装句，说茶深受"诗客"和"僧家"的"爱慕"，茶与诗，总是相得益彰的。第四句写的是烹茶，因为古代饮的是饼茶，所以先要用白玉雕成的碾把茶叶碾碎，再用红纱制成的茶罗把茶筛分。第五句写烹茶先要在铫中煎成"黄蕊色"，而后盛在碗中浮饽沫。第六句谈到饮茶，不但夜晚要喝，而且早上也要饮，且要与月和霞为伴，诗风浪漫。第七句旨在作结，颂茶叶之功，不论古人或今人，饮茶都会感到精神饱满，特别是酒后喝茶有助醒酒。元稹的这首茶诗，具有形式美、韵律美、意蕴美，诗中巧用了汉字形体，搭造了一个"金字塔"形的结构，令人耳目一新。

其三，为卢仝所作的著名的《七碗茶诗》。其诗如下：

一碗喉吻润，二碗破孤闷。

三碗搜枯肠，惟有文字五千卷。

四碗发轻汗，平生不平事，尽向毛孔散。

五碗肌骨清，六碗通仙灵。

七碗吃不得也，唯觉两腋习习清风生。

蓬莱山，在何处? 玉川子乘此清风欲归去。

此诗朗朗上口，文辞优美，细致地描绘出了品茶带给人们的身心感受和心灵境界：第一碗喉吻润，第二碗帮人赶走孤闷；第三碗便能让诗人文字五千卷，洋洋洒洒，神思敏捷；第四碗，平生不平的事都能抛到九霄云外，表达了茶人超凡脱俗的宽大胸怀；……喝到第七碗时，已两腋生风，欲乘清风归去，到人间仙境蓬莱山上。在中华茶文化史上，陆羽写下了三卷七千多言的《茶经》，传下了中国古代最完整的实用茶书，被奉祀为"茶圣"；卢仝托物言志的《七碗茶诗》古今传诵不绝，对饮茶风气的普及和茶文化的传播，起到了推波助澜的作用，并以其嗜茶成癖，诗风浪漫而被世人尊称为"茶仙"。

昔归　摄影：刘为民

无上佳茗——昔归

文/李向阳

　　《诗经·小雅·采薇》中有"昔我往矣，杨柳依依"，《史记·高祖本纪》中有"大风起兮云飞扬，威加海内兮归故乡"，一前一后，古人留下的两片诗句，刚好放下"昔""归"二字。一柔一刚、一阴一阳两种意境，似乎也喻示了"昔""归"二字若合起来，便是一道无上之佳茗。分开去，则是刚柔并济、阴阳调和的人生启示，完美诠释了人们于茶、于生活的最自然、最本真追求。

昔归，是云南省临沧市临翔区邦东乡澜沧江畔的一个小山村，其汉字读音来自傣语，其本意是"搓麻绳的地方"。而忙麓山则是昔归村的一个小山坡，也可以看作是临沧大雪山向东的延伸部分。有"东方多瑙河"之称的澜沧江自西向东奔流至此，在大雪山脚下形成了一片较大的沙坝。此处江面趋于平缓，水深江阔，清朝时曾是临沧通往普洱景东方向驿道上的要津，昔时马帮定期在此进行交易，于是造就了一个活跃的商贸渡口，便是归西渡（旧时称嘎里古渡）。也许正是因为这里的繁荣商贸活动产生了大量麻绳需求，于是当地人干起了搓麻绳的营生，才成就了如今的"昔归"。

昔归三宝·茶

昔归三宝·罐酒   昔归三宝·土鸡

昔归，自然景观秀丽、迷人。吸引着无数茶人寻踪觅境、纷至沓来。就像数年前，我带着城市的喧嚣与心灵的疲惫，随"滇南古韵"的老罗来到过忙麓山。在澜沧江边，江风拂面，眼望清澈的江水如绿宝石项链般镶嵌在群峦叠嶂中，岸上苍翠中野花点缀其间，时有小船在江中游过，偶尔惊起几只白鹭从江面掠过，荡起层层涟漪。好一幅"江碧鸟逾白，山青花欲燃"的画卷，久踞心中的阴霾与疲惫也仿佛烟消云散。再观之，则更令人心旷神怡、流连忘返。而这当年的画面，随着每一盏"昔归"入喉，总能不经意间闪现于脑海，挥之不去，悱恻缠绵。

昔归茶好，忙麓无疑是昔归茶中最好的。清末民初，《缅宁县志》记述："邦东乡则蛮鹿、锡规尤特着，蛮鹿茶色味之佳，超过其他产茶区。"此史料中最早关于昔归茶的描述便是佐证。而忙麓山中的极品，则非忙麓山藤条茶莫属了。在忙麓山，当地茶农常用"顶留叶、侧修枝、隐清除"的"藤条茶采养方式"采养茶树。其方式是保留每根枝条尖端发出的两个新芽，采摘芽头下面的两片嫩叶，其他侧枝的所有芽叶都会手工采净。此种特殊的采养方式让茶树得以充分发挥顶端优势，使茶树汲取的养分集中输送到藤条顶端的鲜叶，久而久之就形成了如今忙麓山藤条茶树枝呈现的藤条状态，其中最长的藤条甚至可达到三米。茶树的整体形态与杨柳颇有几分相似，虽少了几分杨柳的袅娜之态，但却也暗合了《诗经》里"昔我往矣，杨柳依依"的唯美意境。

昔归茶，就外形而言，素有"柳形，黑条，鲜毫，梗难瞧"之说。昔归茶属邦东大叶种的变种，叶片颀长、瘦劲（柳形），干茶条索偏黑或墨绿（黑条），叶面绒毫较少（鲜毫），梗长而明显（梗难瞧），亦有"临沧黑美人"之誉（这种外形特征已成为辨识昔归茶的最简单的方法之一）。

昔归茶在品饮时，前半段较为含蓄而"柔软"，前几开茶汤入口，兰香、冰糖香初现，两颊与舌底生津明显，略有涩感易化，所谓"杨柳依依，雨雪霏霏"，令人欲罢不能。后半段滋味逐渐显现并越发强烈，及至四五开之后，汤感越发黏稠，滋味变得甜润馥郁，喉韵悠长、余味无穷，茶气渐渐强劲，品之有微醺之感，所谓"大风起兮，云飞扬"，令人意气风发，有种"洗尽古今人不倦，将知醉后岂堪夸"的凛然之气。

至于昔归茶有"菌子香"的传说，这也仅只是个传说，也许是我段位不够，目前尚未体会到。当然，如果你用心去体会，说不定就能品出"牛肝菌"的香味来。

就泡茶品茶而言，不得不佩服"滇南古韵"的芷兮姐姐，其冲泡手法

茶园里的鸡

之繁，拼配秘方之多简直令人目不暇接。按芷兮姐姐的秘法，在品尝了春冰岛的香甜、糯软之后，再加点秋昔归，就像银耳羹里加了桂花酿，滋味更觉丰富。随意一口，"晴空一鹤排云上，便引诗情到碧霄"的豪迈之意燃于胸中，令人惬意放达。

苏轼说："从来佳茗似佳人。"我想，每个爱茶之人心中都有一座茶之圣山，每个爱茶之人心中都有一盏无上之佳茗。于我而言，班章过于霸气、冰岛太觉香艳、景迈略显青涩，而昔归，则恰到好处，真正是刚刚好。亦柔亦刚，前有香甜、后趋醇浓，增之一分则稍浓，减之一分则稍淡，无一不平和，无一不中正。不偏不倚，不浓不淡，像极了这四十而不惑的人生……诚然，昔归茶便是我心中的无上之佳茗。

能文能武的张玉老师和刘玲玲

茶品人生

文/张玉

茶分六大类，分别是黑茶、红茶、白茶、绿茶、青茶和黄茶。因为喜欢茶，有时独酌，有时对饮，和朋友一起喝的时候居多。

茶喝多了，茶的不同滋味和特点也就渐渐明朗，发现自己对每一种茶都乐于接受，只是更偏重于某款或某几款，就像和朋友相处，都喜欢，但又有特别喜欢的。

某天独自喝茶，慢慢品饮中，突然发现一个有趣的事情，茶分六类，与友可契。因为爱茶，因为爱文学、爱美食、爱生活，我有了一个很广泛的朋友圈，大家会因为以上的任何一个理由聚在一起，时间长了，谈笑风生中性格尽显，仔细对照，尽然与六大茶类的茶性相匹配，于是分门别类，乐在其中。

黑茶，具陈香，滋味醇厚回甘；性质温和，存放较久，耐泡耐煮，历经时间洗礼，沉淀岁月精华，宠辱不惊。这让我想到了张文勋老人家。张老是我们"乐群"文学社的长老，国学大师，诗词和文学大家，云南学术界领袖，中国《文心雕龙》研究权威。张老的研究成果斐然，数不胜数，虽已95岁高龄，但思路清晰，健朗开明，仁爱慈祥，至今仍笔耕不辍。与张老的相识缘于四年前的一次文学活动，之后结下深厚情缘，每逢文学社有重大活动，张老都鼎力支持，多次称赞"乐群"是由民间自发组织的高

张老经常与大家轻言暖语

标准高水平的文化活动。张老德高望重，性情温和，出入淡定，让所有人能够感受出张老的君子之操和言传身教的仁者风范。虽年事已高，却不落伍，可以和不同年龄段的朋友谈古论今，谈笑间没有絮叨，只有利落，没有陈年旧事，有的是满腹诗书，轻言暖语。难能可贵的是，只要文学社有活动，老先生必鼎力支持，经常一坐就是三四个小时，老先生硬朗的身子骨就像一棵不老松，这得益于老人家长年累月的规律生活和从不间断的健身养生。坐在我们身边的张老，读不出高深莫测，读不出旁若无人，于我而言，就是一位慈祥的老父亲，有时还像一个调皮的老顽童，悄悄多喝一口小酒，窃喜，可爱如家父。老先生牙口好、听力好、睡眠好，思路清晰，文笔大气，为文学社的"品味人生系列丛书"题字写序。如今，老先生又在整理有关白族的大量史料，准备完成下一部著作。这样的先生是令人尊敬的，这样的先生是文学社得以发展和壮大的精神领袖，他好似一杯

小小爱茶人

甘甜醇厚的黑茶，历久弥新，越陈越香。

　　黑茶中还有一种特殊的茶类，就是享誉中外的普洱茶。普洱茶产地分布广，主要以云南范围内的晒青大叶种为原材料，分生、熟两类。普洱生茶层次变化明显，香气多变，从花香、果香到蜜香，从草木香、冬瓜蜜饯香到檀香，回味悠远，耐人寻味，让懂茶人欲罢不能；普洱熟茶滋味醇厚，汤色亮红，功效显著，为茶人力捧之作。乐群文学社中有一批这样的人，极像层次丰富的普洱茶。他们专业功底深厚，常常多角色出演，时而是大学讲台上滔滔讲授的学者，时而是聚会时诗兴大发的朗读者，时而又是把酒话英雄的好汉，他们德高学深，见多识广，为人谦和，胸怀宽广，组织能力和号召能力极强，文学社但凡有重要活动，哨声一响，全员行动，从书籍出版策划、新书发布、教师节国庆节庆祝活动、金榜题名、成长分享到致敬时代楷模等大型活动，因为有了背后这群学者的引领，总是可以让活动从内容到形式备受好评，让参与者乐在其中，提升品位，获得文化滋养。叔叔杨军是文学社的创始人之一，身上兼有军人与学者的气质，所以显得与众不同。迤水是叔叔的笔名，平时他诗作不断、情感丰富，善于思考与发现。叔叔遇事果断干脆，办事周全细致，有高瞻远瞩的战略思维，群里大小事都喜欢和他商量，是文学社的支柱，因为乐于提携晚辈和培养弟子，备受大家的尊敬。20世纪90年代，叔叔带领学生在北京参加活动并受到中央领导的视察接见。多少年过去后，这批学生成为各领域的精英，续写着云南大学的人才培养成就：博士生导师秦树才教授看似不苟言笑，其实除了做学问，秦老师心里还有一个武侠梦，侠肝义胆不时显现，"会挽雕弓如满月，西北望，射天狼"那潇洒的一挥，定格下属于秦老师的惊鸿一瞥；周铭教授"青青子衿，悠悠我心"的浪漫情怀无处不在，他是档案系的高才生，一个场景、一棵树、一朵花都是周老师的诗作素材，从古体诗到现代诗，佳作不断；腹有诗书气自华，文学社的晓萍姐、中碧老师、学文老师、红华老师、怀宇老师等，有的是博导，有的是研究员、有的是名校校长，有的是编辑部故事中的资深社长，有的是多才多艺的学院书记……他们如明前春茶香气高远，如秋茶暗香浮动，似熟普醇厚甘甜，个中滋味，不胜枚举。

白茶淡雅清新，香气怡人，滋味鲜纯，老少皆宜。白茶特性为一年茶，三年药，七年宝。按级别可以分为白毫银针、牡丹和贡眉。白茶是最容易被接受的一款茶，茶汤入口，芳草香就弥漫开来。疏老师、丽亚阿姨、曾老师、半夏老师、范老师……一批知识女性，如白茶茶汤般清新脱俗，在各自领域熠熠生辉。半夏老师与虫在野，用五年的时间没身荒野，专注向自然学习，跟虫虫交朋友，悟出人命与虫命的关联，悟出人与自然就是命运共同体的真谛，用博爱的视角理解人与自然和谐共生；疏老师从教一生，留下许多在教育事业上的佳话；丽亚阿姨退居二线却不减当年飒爽英姿，做事说话干脆利落，大校风范依旧；曾老师喜欢去大自然采风，镜头里永远是最美的风景，有她，也有他，风景在她眼里，她在风景眼里。这批女性，每一个都能在时间的沉淀中散发出迷人的气质，如白茶般弥足珍贵。

红茶是全发酵茶，茶香外露，色彩鲜丽。好的红茶，茶汤可亮如琥珀、红如葡萄、香如蜜糖，沸水冲下去，一屋子都是焦糖香，极具吸引力。芷兮姐姐的奔放豪爽似它，张荔的精致细腻似它，旃玲玲的古典飘逸似它，晓滨的热情洋溢也似它，她们缓缓地释放着属于她们的芬芳，沁人心脾，留香于心，让人难忘。她们如红茶般明艳，容貌出众，性格奔放，专业扎实。暖暖的她们，在各自的领域，同样撑起一片不小的天空。芷兮姐姐的茶文化传播立足中华传统文化，在高校和中小学开设茶艺课，把茶专业知识和茶文化像种子一样播撒开来，被国内多所大学聘为客座教授，专门讲授茶知识。公司研发的多款茶品中，注入了芷兮姐姐多年对茶的理解，得到了茶界前辈和专家的高度认可。张荔是公司的高

云大附中茶艺教学

管，独当一面，是不可多得的职场精英；旃玲玲诗词歌赋样样行，一直在文艺女青年和知性美女之间自由切换；晓滨因一个偶然的机会结缘大家，因为有一副播音员的好嗓音和一颗热爱学习的心，一颗公益的爱心，很快成为文学社的骨干力量，源源不断地释放着她的正能量。

还有一批小朋友，耳濡目染与茶初识，初生牛犊活力无限，他们如绿茶一般香气四溢，明亮透彻，既有山野的清新，又有时代的气息，在文学社"品味人生系列丛书"中，以"雏凤清声"亮相；在每年的联谊活动中，总少不了他们稚嫩可爱的表演，每次都能成为活动的亮点，哪怕是刚刚三岁还口齿不清的小儿郎，也能把曹操的《观沧海》背诵得有模有样；

还有那个穿着汉服能写能画能把《诗经》唱得婉转动听的小可人；有用天籁之音朗诵《红领巾之歌》的3人小组合；有用小提琴把《我和我的祖国》悠扬传送的小哥哥；有洋洋洒洒落笔生花写一手好文章的小姐姐们……他们如春茶沐浴春风，吸纳天地之精华，绽放年少的不羁，让未来如此可期。

黄茶和青茶与谁匹配呢？其实，茶是有共性的，有些特点适用于一切茶，比如清香、回甘、提神醒脑；人也是有共性的，比如仁爱、宽容、热情、善解人意等，他们有时像红茶，有时似白茶，有时是普洱，有时也会如青茶……

品茶品人生，六大茶类之外还有花茶、果茶、小青柑等，用一颗包容的心品茶，有茶的日子是惬意而自在的；品茶品人生，用一颗包容的心待人，有朋友的生活是充实而快乐的。我愿一生与茶相伴，与友相随，在茶中切换生活场景，演绎和茶一样丰富多彩的人生！

小小茶艺师练习茶艺

水间净雅

邦东：雾雨山岚随风动，润取茗香透九霄

文/刘玲玲

　　每一个晴朗的清晨，邦东都是仙境。当浮沉翻涌的云海慢慢隐逸，它又成了那个阡陌交错、鸡犬之声相闻、烟火气十足的深山小镇。

　　这片与闻名遐迩的昔归村距离不过十余公里的土地，以其遍布的巨石怪岩和多雾雨的气候，成就了邦东古树茶特有的"岩韵花香"。丰富的氨基酸含量和独特的风味已使得这一片区的古树茶成为临沧茶区最具代表性的山头茶之一。

　　式微式微，胡不归？云海洁白飘逸，浸润出的甜润流淌心间，灵魂也

邦东村的清晨　摄影：李万能

青岩问茶　摄影：刘为民

被迷惑，被召唤，被吸引。当袅袅茶烟蒸腾而上，一种归隐般田园牧歌式的意境就在升腾的茶香中漫漶开来。

品鉴印象——岩韵　花香

- **外形**　饼面紧实圆整，条索紧秀，白毫显露，匀整秀丽，嫩度高。
- **汤色**　淡黄清亮，干净通透，汤感轻盈。
- **滋味**　香醇鲜甜，淡淡的花香中透着青草香；口感顺滑、两颊生香；岩骨具，茶气绽，气韵幽长；口腔协调性佳。

大青石上一盏茶　摄影：李万能

- **香气**　青草香伴花果香

为主，点点蜜香夹杂其中，芬芳馥郁。

·**茶气** 高扬香醇,岩韵尤特。

·**生津** 微微的苦涩味化开后方有强烈的回甘，舌面、口腔中生津明显。

·**叶底** 柔嫩匀整，鲜活，无花杂。

·**茶评** 巨石怪岩生奇树，空谷云中有灵芽。邦东之魅，在其"岩韵养傲骨，山岚润花香"，多山岩雾雨的自然环境是茶树生长的天选之地，孕育出了云南三大有性系原始群体大叶良种之一的邦东大叶种，岩石中富含的矿物质和微量元素被茶树发达的根系所吸收，云雾滋润了山谷的同时，更为茶树保证了绝佳的生长温湿度，其味其韵，堪为茶之上者。

邦东大青石里长出的茶树

虬曲粗壮的枝干记录着山里的故事

冰岛：茶境悠远，兰韵生香

文/刘玲玲

　　冰岛茶之茶性，与"冰岛"这个音译而来的地名尤为契合：秀丽柔美、清新古雅。

　　宁静古朴的村落，云雾缭绕的原始森林，傲立千古的古茶树，都是冰岛村境内闻之让人心生清凉的佳境。这个位于邦马山脉北段半山腰的古老傣族村寨，背靠着海拔3200米、山顶终年积雪的邦马大雪山，密林广布，大叶种的古茶树遍布其间。

这里的古茶园作为勐库大叶茶的原种茶园之一，留存的古茶树中典型的勐库大叶乔木树。该茶鲜叶为长大叶、墨绿色，叶质肥厚柔软、韧性佳，茶香浓烈，茶质禀异。

"四乡八寨收春茶，近到凤山远勐库。"

《赶马调》里所唱的勐库，源头就在冰岛。马蹄声远，茶香依旧。古意、绿意、蜜意都还在，全揉进了茶叶里。

茶，也还在。

品鉴印象——香醇　清润　甜美

·**外形**　叶形肥厚、硕大、干茶呈褐黑色，黑条白茶的特点显著。

冰岛老寨采单株

· **汤色** 金黄透亮，色匀鲜亮，浓厚如油。

· **滋味** 前几开"鲜"的体验尤其突出，鲜爽如同应季海鲜之味；而后转为鲜醇甜润，香气绵柔，水路细腻黏稠，穿透性强；冰糖香韵不断提升，喉韵凉感明显，数十开后舌根仍觉有微微凉意。

· **香气** 柔和清新，与茶汤相生相伴，挂杯持久而不事张扬，以花果香和冰糖香为主，冷杯香为冰糖甜香，透兰蜜香，挂杯持久。

· **茶气** 气韵深厚饱满，初时显得温和而内敛，品饮中才可慢慢感知茶气绵柔中透着阳刚的特点，看似温厚醇和，实际"茶劲儿"很大，如同太极拳中的"云手"，力之刚柔变化非常奇妙。

2006年冰岛老寨晒茶

· **生津** 极迅速，入口顷刻便可感受到；特持久，十数泡仍有水甜，喉韵凉感明显，清凉。

· **叶底** 叶底粗大、丰满、厚实，叶形完整，叶片柔嫩。

· **茶评** 洁净的古茶园中，数百年的斗转星移早已让一株古茶轻易地站立在时光彼岸。

纯正，香甜，醇厚，饱满。这些都是经年累积、变化、沉淀后，时光

恩赐给一株茶树的美德。

真正的冰岛茶入口苦涩度极低，几乎没有感觉，喉咙部位会渐生丝丝凉气，两颊不断生津如泉涌，慢慢会转化为舌头中后部生津，茶味逐渐从喉部延伸到整个口腔。生津效果明显持久，主要集中在两颊部位，茶汤呈冰糖甜，浓度（饱满度）高，杯盖杯底高香。

冰岛茶还有一个其他地区的茶无法模仿出的特点，就是茶汤中透着一股尤为明显的冰糖味道，如果没这个味道，再好喝也不是冰岛茶。赝品冰岛喝不出回甘、两颊生津不断的感觉，模仿得出冰岛的高香，却模仿不出冰岛生津回甘的独特效果，以及冰岛较低的苦涩度。

细啜觉神爽，微吟齿颊香。一杯冰岛好茶的魂韵，有令人梦回唐宋盛世之能。

茶汤油润

勐库大雪山：春风古韵，流香十里

文/吴宁远

丰草茸茸软似茵，长松郁郁净无尘。

雪山处处峰峦秀，春和景明灵芽生。

作为茶中古老的贵族，勐库大雪山单株可谓血统高贵，浓烈的滋味中沉淀的是优秀的茶种基因与丰富的营养物质，高幽的香气与茶树身边四季常有、洁净芬芳的花木有着分不开的关系。

勐库野生古茶树属于野生型野生茶，该茶种具抗逆性强、抗寒性尤强

千年野生茶树群　摄影：李万能

等特点，除了品饮滋味绝佳，还是抗性育种和分子生物学研究的宝贵资源。

品鉴印象——浓醇　饱满

· **外形**　色泽墨绿，条索肥壮润泽，色泽乌润，白毫满披。

· **汤色**　浅黄透亮，透微微浅绿色，油亮稠厚，白毫舞动。

· **滋味**　汤感厚重，水路凝实，滋味浓醇醉人，回甘韵味悠长，喉韵显蜜香。

· **香气**　干嗅清雅，湿嗅为蜜香兼花果香，茶汤香气以清香、花香为主，非常高幽、饱满、古雅，带一点点微微的清苦，浓郁而显内敛。

· **茶气**　沉实厚重，强劲饱满。

· **生津**　苦底稍重，但苦而不凝，涩而不滞，化开快、生津也快，回甘强烈，甜韵浓厚。

- **叶底**　条索清晰，厚实柔韧，芽叶显毫。
- **茶评**　勐库之味，可以用"纯正浓烈，香气高幽"八字来形
容。

其条索肥厚，芽峰显毫，多酚类和氨基酸含量高，具有优良的发酵
性，口感厚重，茶汤稠滑，茶性劲足霸道，水浸出物含量高。但也正是因
如此，其茶汤难以避免地有苦涩感，然则这份苦涩正是其浓烈回甘的来
源，亦是"大叶种之英豪"所特有的气质，在普洱茶拼配之中的地位如中
流砥柱，不可或缺。

勐库之味

有"身份证"的千年野生茶树

千年野生古树茶：
品千年颜色，观岁月留香

文/刘玲玲

　　滇南云岭地处横断山余脉，溪壑纵横，山高谷深，立体气候显著，每一座山头生长的茶都各有其魅，但有一点却是共通的：只要是生长环境荒僻、不受人力干扰且有一定树龄的古茶树，必然会带给味蕾一场充满惊喜的旅程。

　　这些古茶树每年所能采摘的茶菁量很小，一棵树围两三米者所得不过十余斤，加之采摘困难，故而价格昂贵。但这不多的茶菁也因环境优良，树龄古老，每一片都叶肉肥厚异常，茶芽饱满肥硕，叶质光泽柔韧，摊晾后捧一捧轻嗅，扑面而来的都是森林的气息与山野的芳香。

　　这般灵物，喝起来会是何等滋味？

千年红：传统滇红的古早味

　　一个晴朗的春日午后，茶农们陆陆续续从山中归来，背后的竹篓里是碧玉般鲜亮的茶叶。采茶已然十分辛苦，但制茶师傅接下来的工作更为繁重，人和茶将共同经历一场为期五天的相处。

　　从萎凋开始，经历细致揉捻，自然发酵，到最后干燥成型，千年古树红茶传统手工制作过程所需的时间是小树茶的数倍，极耗心力。

茶林小憩　摄影：刘为民

　　在凤庆，最传统的红茶发酵方法是用木箱或竹篓，在黑暗的室内通过长时间的自然发酵，不采用发酵室中加温加湿的制法。这种做法，时间长、难度大、成本高，对天气和制茶师傅的经验把握的要求也都非常高。近年来这种工艺已越来越少见，但面对昂贵的单株鲜叶，这种方法似乎才是最完美的加工方式。由于千年野生

茶园晒场　摄影：刘为民

茶叶片较普通茶树肥厚许多，又富含氨基酸、芳香类物质，故而自然发酵往往需要两到三天的时间。我最喜在红茶发酵后期进入幽暗的屋子里，沉醉在满室温暖奇异的蜜香中久久不愿离去。

新茶制好，刚刚焙干时触之尚有余温，放上一会儿待火气稍去，就被放在托盘里端上了茶桌。

细细端详，茶条清晰肥厚，呈现出较深的褐红色，干嗅清香淡雅，平和内敛。开汤润茶，湿嗅花香馥郁，饱满绽放，汤色红而明亮通透，色泽纯正，质感油润。

品饮中变化灵动的香气最摄人心魄，似有造境之能，令人若身处繁花盛开的春之暮野，醉乎其中，难以自拔。口腔内花果香饱满浓郁而没有不自然的甜腻，香气高扬持久而不显锋芒，一切都是经年沉淀后含蓄而沉稳的释放。冷嗅，暗香浮动，幽远淡雅，久久不散。

论其滋味，甘甜厚重，入口醇和清爽，野韵十足，喉韵尽显，有着千年古树茶独有的绵绵古韵，茶气劲扬饱满，含蓄充足，释放缓慢而持久，收敛性强。十数开后观其叶底，片片明亮油润，柔韧光泽，富有弹性。

千年青：喝的是山中的故事

儿时曾读过一则南朝的志怪传说，说的是信安郡石室山，晋时樵夫王质于山中观两老者弈棋的故事，不过片刻，其斧柯已然尽烂。"既归，无复时人。"彼时年少，不过可怜那王质在不觉中便已孤身白首，如今把年岁抛洒在漫漫寻茶之路上，方才觉得谁的人生不是同那烂柯人一般，历经的世事变幻看似漫长莫测，其实也不过瞬息而已，而千年晒青茶的滋味最能解此中真意。

野生古茶树有"衣"，这是一株着红衣的古茶树　摄影：刘为民

晒青的工艺与红茶不同，尤为依赖晴日热烈的阳光。每一次晒青的制作都要看天气、观天意，这种茶与日光拥抱的转化作用无可替代。阴干不行，烘干也不行。似乎古茶树生在阳光里，长在阳光下，最后也必须用阳光的手将它们晒干才行，也只有阳光，才能够打破芽叶静默、含蓄的状态，唤醒芳香与韵味。通常揉捻后第二次与阳光的拥抱变化来得尤为迅速，香味释放也更加猛烈。

从山野到寨子，从树梢到簸箕，人们不让它们沾染上尘土，好纯纯粹粹地与阳光相爱，水分被热量带走，蒸腾在旷野里，留下了能量和营养，沉淀在深绿色的条索中。

这般制得的晒青茶，不似千年红那般香醇甜润，却有着另一种轻盈自然之魅：干茶的条索色泽墨绿，根根紧实肥硕。开汤湿嗅，清甜的花草香扑鼻而来，汤体金黄明亮，油润度很高，中有白毫舞动。若是陈化后，会有更为馥郁迷人的花蜜香与花果香出现。茶汤入喉，穿透力尤为强劲，汤感黏稠，入口鲜爽甘美，茶韵厚重古雅，无苦涩味，香气饱满沉静，回甘迅速，且经久耐泡，十数泡仍不减清甜馥郁之滋味，舌面喉间生津不绝；茶气由弱渐强贯穿始终，显得温厚而绵长悠远，在清香四溢中直抵太阳穴，不觉中便已醺醺然也。赏其叶底，黄绿明亮，放在手心中湿润而柔软，宛如苏生。

每一次品饮古树茶，都是一次至美的体验，这不仅仅是因为野生高龄纯料茶菁的稀有，更是因为那一次次艰辛而幸福的探访已经让我和古树们成为无言的好友。

从十余年前的无人问津，到今天被保护或炒作，我对它们的敬畏与热爱始终如一：一株树龄千年的古茶树，必是福泽深厚的，它缘起于自然，深得造化之灵秀，又耐得住千年的孤寂，经得起时光的检验，一直以来都固守着那一份古朴与洁净，正是这样的美德，才能孕育出这些有些难以琢磨却叫人倾倒的芬芳，能涤荡味蕾，也能感动人心的茶汤罢！

趁着茶汤还热，再喝一杯。从味蕾到口腔，到周身，再到意识，渐渐神志清明，五感皆通，曼妙而沉静的感觉不断漫溢，思绪飘进茶汤里，又从茶汤溯流而回，回到了苍翠欲滴的山林中。

方可老师审评茶叶